16G101图集应用系列丛书

钢筋翻样方法与实例

本书编委会　编

中国建筑工业出版社

图书在版编目（CIP）数据

钢筋翻样方法与实例/《钢筋翻样方法与实例》编委会编. —北京：中国建筑工业出版社，2017.2（2022.1重印）
（16G101图集应用系列丛书）
ISBN 978-7-112-20297-3

Ⅰ.①钢… Ⅱ.①钢… Ⅲ.①钢筋-建筑施工 Ⅳ.①TU755.3

中国版本图书馆CIP数据核字（2017）第011138号

16G101图集应用系列丛书
钢筋翻样方法与实例
本书编委会 编
*
中国建筑工业出版社出版、发行（北京海淀三里河路9号）
各地新华书店、建筑书店经销
霸州市顺浩图文科技发展有限公司制版
北京建筑工业印刷厂印刷
*
开本：787×1092毫米 1/16 印张：9¼ 字数：209千字
2017年4月第一版 2022年1月第三次印刷
定价：**30.00**元
ISBN 978-7-112-20297-3
（29665）

本书根据《混凝土结构施工图平面整体表示方法制图规则和构造详图（现浇混凝土框架、剪力墙、梁、板）》（16G101-1）、《混凝土结构施工图平面整体表示方法制图规则和构造详图（独立基础、条形基础、筏形基础、桩基础）》（16G101-3）、《中国地震动参数区划图》（GB 18306—2015）、《混凝土结构设计规范（2015年版）》（GB 50010—2010）、《建筑抗震设计规范》（GB 50011—2010）、《建筑结构制图标准》（GB/T 50105—2010）、《高层建筑混凝土结构技术规程》（JGJ 3—2010）等标准编写，内容围绕着钢筋翻样技术而展开，主要介绍了钢筋翻样基础知识、柱钢筋翻样、剪力墙钢筋翻样、梁钢筋翻样、楼板钢筋翻样以及基础钢筋翻样等内容。

本书内容丰富，通俗易懂，具有很强的实用性与可操作性。可供施工人员以及相关院校的师生查阅。

* * *

责任编辑：张　磊
责任设计：李志立
责任校对：李美娜　李欣慰

本书编委会

主　编　上官子昌

参　编（按姓氏笔画排序）

王红微　刘艳君　吕克顺　孙石春

孙丽娜　李冬云　李　瑞　何　影

张文权　张　彤　张　敏　张黎黎

高少霞　殷鸿彬　隋红军　董　慧

前　　言

钢筋作为建筑工程中的三大建材之一，在建筑结构中起着极其重要的作用。钢筋从订料到下料完成，中间需要施工人员对钢筋进行加工、制作。在加工的过程中，就需要预先对钢筋进行翻样，翻样对钢筋来说就是它的设计图纸，翻样的准确性对钢筋安装具有重要意义。一个优秀的钢筋翻样人员，不管在工程的前期设计还是中期施工、后期对量，都起着不可或缺的作用，其作为图纸会审的主要成员，施工的直接策划、管理者，后期对量的直接操作者，全程参与到工程的每一个细节，其水平高低直接决定了工程的质量、安全、人力、物力的节约还是浪费。钢筋翻样人员在工程中承上启下、不可或缺的角色。基于此，我们组织编写了这本书。

本书根据《混凝土结构施工图平面整体表示方法制图规则和构造详图（现浇混凝土框架、剪力墙、梁、板）》(16G101-1)、《混凝土结构施工图平面整体表示方法制图规则和构造详图（独立基础、条形基础、筏形基础、桩基础）》(16G101-3)、《中国地震动参数区划图》(GB 18306—2015)、《混凝土结构设计规范（2015 年版）》(GB 50010—2010)、《建筑抗震设计规范》(GB 50011—2010)、《建筑结构制图标准》(GB/T 50105—2010)、《高层建筑混凝土结构技术规程》(JGJ 3—2010) 等标准编写，内容围绕着钢筋翻样技术而展开，主要介绍了钢筋翻样基础知识、柱钢筋翻样、剪力墙钢筋翻样、梁钢筋翻样、楼板钢筋翻样以及基础钢筋翻样等内容。本书内容丰富，通俗易懂，具有很强的实用性与可操作性。可供施工人员以及相关院校的师生查阅。

由于编写时间仓促，编写经验、理论水平有限，难免有疏漏、不足之处，敬请读者批评指正。

2016 年 11 月

目　录

1 钢筋翻样基础知识

1.1 钢筋翻样的基本要求

钢筋翻样的基本要求如下：

1. 全面性，即不漏项，精通图纸

精通图纸的表示方法，熟悉图纸中使用的标准构造详图，不遗漏建筑结构上的每一构件、每一细节，是钢筋算量的重要前提和主要依据。

2. 准确性，即不少算、不多算、不重算

由于钢筋受力性能不同，故不同构件的构造要求不同，长度与根数也不相同，则准确计算出各类构件中的钢筋工程量，是算量的根本任务。

3. 遵从设计，符合规范要求

钢筋翻样和算量计算过程需遵从设计图纸，应符合国家现行规范、规程与标准的要求，才能保证结构中钢筋用量符合要求。

4. 指导性

钢筋的翻样结果将用于钢筋的绑扎与安装，可以用于预算、结算、材料计划与成本控制等方面。另外，钢筋翻样的结果能够指导施工，通过详细准确的钢筋排列图可以避免钢筋下料错误，减少钢筋用量的不必要损失。

1.2 钢筋翻样的基本原则

钢筋混凝土建筑可以分为基础、柱、墙、梁、板及其他构件。在翻样前必须对建筑整体性有宏观把握以及三维空间想象。基础、柱、墙、梁、板是建筑的基本组成构件。楼板承受恒载与活载，主要受弯矩作用，板将荷载传递给梁，无梁结构板的荷载直接传递给柱。梁主要承受弯矩与剪力，梁将荷载转移到柱或墙等竖向构件上。柱主要承受压力。墙除了起围护作用之外也有起承重作用。基础承受竖向构件的荷载并将荷载均匀地传递到地基上。根据力的传递规律确定本体构件与关联构件，即确定谁是谁的支座问题。本体构件的箍筋贯通，关联构件锚入本体构件，箍筋不进入支座，重合部位的钢筋不重复布置。由于构件间存在这种关联，钢筋翻样师必须考虑构件之间的相互扣减与关联锚固。引起结构产生内力和变形的不仅是荷载，其他原因也可能使结构产生内力和变形。

在宏观把握工程结构主要构件的基础上，需对每一构件计算的那些钢筋进行细化，从微观的层面进行分析，例如构件包括受力钢筋、箍筋、分布钢筋、构造钢筋与措施钢筋。然后针对每一种构件具体需要计算哪些钢筋做到心中有数。

1.3 钢筋翻样的方法

钢筋翻样的方法如下：

1. 纯手工法

纯手工法是最原始、比较可靠的传统方法，现在仍是人们最常用的方法。与软件相比具有极强的灵活性，但运算速度和效率远不如软件。

2. 电子表格法

以模拟手工的方法，在电子表格中设置一些计算公式，让软件去汇总，可以减轻一部分工作量。

3. 单根法

单根法是钢筋软件最基本、最简单，也是万能输入的一种方法，有的软件已能让用户自定义钢筋形状，可以处理任意形状钢筋的计算，这种方法很好地弥补了电子表格中钢筋形状不好处理的问题，但其效率仍然较低，智能化、自动化程度低。

4. 单构件法（或称参数法）

这种方法比起单根法又进化了一步，也是目前仍然在大量使用的一种方法。这种模式简单直观，通过软件内置各种有代表性标准的典型性构件图库，一并内置相应的计算规则。用户可以输入各种构件截面信息、钢筋信息和一些公共信息，软件自动计算出构件的各种钢筋长度和数量。但其弱点是适应性差，软件中内置的图库是有限的，也无法穷举日益复杂的工程实际，遇到与软件中构件不一致的构件，软件往往无能为力，特别是一些复杂的异形构件，用构件法是难以处理的。

5. 图形法（或称建模法）

这是一种钢筋翻样的高级方法，也是比较有效的方法，与结构设计的模式类似，即首先设置建筑的楼层信息、与钢筋有关的各种参数信息、各种构件的钢筋计算规则、构造规则以及钢筋的接头类型等一系列参数，然后根据图纸建立轴网，布置构件，输入构件的几何属性和钢筋属性，软件自动考虑构件之间的关联扣减，进行整体计算。这种方法智能化程度高，由于软件能自动读取构件的相关信息，所以构件参数输入少。同时对各种形状复杂的建筑也能处理。但其操作方法复杂，特别是建模使一些计算机水平低的人望而生畏。

6. CAD 转化法

目前为止这是效率最高的钢筋翻样技术，就是利用设计院的 CAD 电子文件进行导入和转化，从而变为钢筋软件中的模型，让软件自动计算。这种方法可以省去用户建模的步骤，大大提高了钢筋计算的时间，但这种方法有两个前提，一是要有 CAD 电子文档，二是软件的识别率和转化率高，两者缺一不可。如果没有 CAD 电子文档，是否可以寻找其他的解决之道，如用数码相机拍摄的数字图纸为钢筋软件所能兼容和识别的格式，从而为图纸转化创造条件。当前识别率不能达到理想的全识别技术也是困扰钢筋软件研发人员的一大问题，因为即使是99%的识别率用户还是需要用99%的时间去查找1%的错误，有时如大海捞针，只能逐一检查，这样反而浪费了不少时间。

以上方法往往需要结合使用，没有哪种方法可以解决钢筋翻样的所有问题。

1.4 钢筋基础知识

1.4.1 混凝土环境结构类别

混凝土结构的环境类别划分，主要适用于混凝土结构的正常使用状态验算和耐久性规定，见表1-1。

混凝土结构的环境类别　　表1-1

环境类别	条　件
一	室内干燥环境 无侵蚀性静水浸没环境
二a	室内潮湿环境 非严寒和非寒冷地区的露天环境 非严寒和非寒冷地区与无侵蚀性的水或土壤直接接触的环境 严寒和寒冷地区的冰冻线以下与无侵蚀性的水或土壤直接接触的环境
二b	干湿交替环境 水位频繁变动环境 严寒和寒冷地区的露天环境 严寒和寒冷地区冰冻线以上与无侵蚀性的水或土壤直接接触的环境
三a	严寒和寒冷地区冬季水位变动区环境 受除冰盐影响环境 海风环境
三b	盐渍土环境 受除冰盐作用环境 海岸环境
四	海水环境
五	受人为或自然的侵蚀性物质影响的环境

注：1. 室内潮湿环境是指构件表面经常处于结露或湿润状态的环境。
2. 严寒和寒冷地区的划分应符合国家现行标准《民用建筑热工设计规范》(GB 50176—1993)的有关规定。
3. 海岸环境和海风环境宜根据当地情况，考虑主导风向及结构所处迎风、背风部位等因素的影响，由调查研究和工程经验确定。
4. 受除冰盐影响环境是指受到除冰盐盐雾影响的环境；受除冰盐作用环境是指被除冰盐溶液溅射的环境以及使用除冰盐地区的洗车房、停车楼等建筑。
5. 暴露的环境是指混凝土结构表面所处的环境。

1.4.2 混凝土保护层最小厚度

混凝土保护层的最小厚度，见表1-2。

混凝土保护层的最小厚度（mm） **表 1-2**

环境类别	板、墙		梁、柱		基础梁（顶面和侧面）		独立基础、条形基础、筏形基础（顶面和侧面）	
	≤C25	≥C30	≤C25	≥C30	≤C25	≥C30	≤C25	≥C30
一	20	15	25	20	25	20	—	—
二 a	25	20	30	25	30	25	25	20
二 b	30	25	40	35	40	35	30	25
三 a	35	30	45	40	45	40	35	30
三 b	45	40	55	50	55	50	45	40

注：1. 表中混凝土保护层厚度指最外层钢筋外边缘至混凝土表面的距离，适用于设计使用年限为 50 年的混凝土结构。

2. 构件中受力钢筋的保护层厚度不应小于钢筋的公称直径 d。

3. 一类环境中，设计使用年限为 100 年的结构最外层钢筋的保护层厚度不应小于表中数值的 1.4 倍；二、三类环境中，设计使用年限为 100 年的结构应采取专门的有效措施。

4. 钢筋混凝土基础宜设置混凝土垫层，基础底部的钢筋的混凝土保护层厚度应从垫层顶面算起，且不应小于 40mm；无垫层时，不应小于 70mm。

5. 桩基承台及承台梁：承台底面钢筋的混凝土保护层厚度，当有混凝土垫层时，不应小于 50mm，无垫层时不应小于 70mm；此外尚不应小于桩头嵌入承台内的长度。

1.4.3 受拉钢筋的锚固长度

受拉钢筋的锚固长度应根据具体锚固条件按下列公式计算，且不应小于 200mm：

$$l_a = \zeta_a l_{ab} \tag{1-1}$$

抗震锚固长度的计算公式为：

$$l_{aE} = \zeta_{aE} l_a \tag{1-2}$$

式中 l_a——受拉钢筋的锚固长度，见表 1-3。

受拉钢筋锚固长度 l_a **表 1-3**

钢筋种类	混凝土强度等级																
	C20	C25		C30		C35		C40		C45		C50		C55		≥C60	
	d≤25	d≤25	d>25	d≤25	d>25	d≤25	d>25	d≤25	d>25	d≤25	d>25	d≤25	d>25	d≤25	d>25	d≤25	d>25
HPB300	39d	34d	—	30d	—	28d	—	25d	—	24d	—	23d	—	22d	—	21d	—
HRB335	38d	33d	—	29d	—	27d	—	25d	—	23d	—	22d	—	21d	—	21d	—
HRB400、HRBF400 RRB400	—	40d	44d	35d	39d	32d	35d	29d	32d	28d	31d	27d	30d	26d	29d	25d	28d
HRB500、HRBF500	—	48d	53d	43d	47d	39d	43d	36d	40d	34d	37d	32d	35d	31d	34d	30d	33d

l_{aE}——纵向受拉钢筋的抗震锚固长度，见表 1-4。

受拉钢筋抗震锚固长度 l_{aE}　　　　表 1-4

钢筋种类		混凝土强度等级																
		C20	C25		C30		C35		C40		C45		C50		C55		≥C60	
		d≤25	d≤25	d>25	d≤25	d>25	d≤25	d>25	d≤25	d>25	d≤25	d>25	d≤25	d>25	d≤25	d>25	d≤25	d>25
HPB300	一、二级	45d	39d	—	35d	—	32d	—	29d	—	28d	—	26d	—	25d	—	24d	—
	三级	41d	36d	—	32d	—	29d	—	26d	—	25d	—	24d	—	23d	—	22d	—
HRB335	一、二级	44d	38d	—	33d	—	31d	—	29d	—	26d	—	25d	—	24d	—	24d	—
	三级	40d	35d	—	30d	—	28d	—	26d	—	24d	—	23d	—	22d	—	22d	—
HRB400 HRBF400	一、二级	—	46d	51d	40d	45d	37d	40d	33d	37d	32d	36d	31d	35d	30d	33d	29d	32d
	三级	—	42d	46d	37d	41d	34d	37d	30d	34d	29d	33d	28d	32d	27d	30d	26d	29d
HRB500 HRBF500	一、二级	—	55d	61d	49d	54d	45d	49d	41d	46d	39d	43d	37d	40d	36d	39d	35d	38d
	三级	—	50d	56d	45d	49d	41d	45d	38d	42d	36d	39d	34d	37d	33d	36d	32d	35d

注：1. 当为环氧树脂涂层带肋钢筋时，表中数据尚应乘以 1.25。
2. 当纵向受拉钢筋在施工过程中易受扰动时，表中数据尚应乘以 1.1。
3. 当锚固长度范围内纵向受力钢筋周边保护层厚度为 3d、5d（d 为锚固钢筋的直径）时，表中数据可分别乘以 0.8、0.7；中间时按内插值。
4. 当纵向受拉普通钢筋锚固长度修正系数（注 1～注 3）多于一项时，可按连乘计算。
5. 受拉钢筋的锚固长度 l_a、l_{aE}计算值不应小于 200mm。
6. 四级抗震时，$l_{aE}=l_a$。
7. 当锚固钢筋的保护层厚度不大于 5d 时，锚固钢筋长度范围内应设置横向构造钢筋，其直径不应小于 d/4（d 为锚固钢筋的最大直径）；对梁、柱等构件间距不应大于 5d，对板、墙等构件间距不应大于 10d，且均不应大于 100mm（d 为锚固钢筋的最小直径）。
8. HPB300 级钢筋末端应做 180°弯钩，做法详见图 1-1。

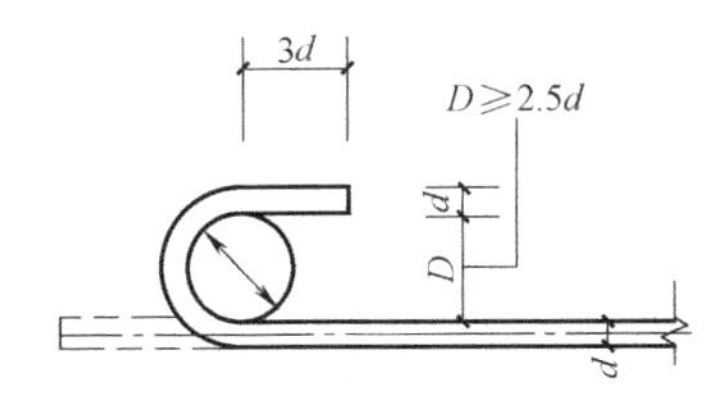

图 1-1　光圆钢筋末端 180°弯钩

ζ_a——锚固长度修正系数，按表 1-5 的规定取用，当多于一项时，可按连乘计算，但不应小于 0.6；对预应力筋，可取 1.0。

受拉钢筋锚固长度修正系数 ζ_a　　　　表 1-5

锚固条件		ζ_a	
带肋钢筋的公称直径大于 25		1.10	—
环氧树脂涂层带肋钢筋		1.25	
施工过程中易受扰动的钢筋		1.10	
锚固区保护层厚度	3d	0.80	注：中间时按内插值。d 为锚固钢筋的直径
	5d	0.70	

ζ_{aE}——抗震锚固长度修正系数，对一、二级抗震等级取 1.15，对三级抗震等级取 1.05，对四级抗震取 1.00。

当锚固钢筋保护层厚度不大于 5*d* 时，锚固长度范围内应配置横向构造钢筋，其直径不应小于 *d*/4；对梁、柱等杆状构件间距不应大于 5*d*，对板、墙等平面构件间距不大于 10*d*，且均不应小于 100mm，此处 *d* 为锚固钢筋的直径。

为了方便施工人员使用，16G101 图集将混凝土结构中常用的钢筋和各级混凝土强度等级组合，将受拉钢筋锚固长度值计算得钢筋直径的整倍数形式，编制成表格，见表1-6、表 1-7。

受拉钢筋基本锚固长度 l_{ab} **表 1-6**

钢筋种类	混凝土强度等级								
	C20	C25	C30	C35	C40	C45	C50	C55	≥C60
HPB300	39*d*	34*d*	30*d*	28*d*	25*d*	24*d*	23*d*	22*d*	21*d*
HRB335	38*d*	33*d*	29*d*	27*d*	25*d*	23*d*	22*d*	21*d*	21*d*
HRB400、HRBF400 RRB400	—	40*d*	35*d*	32*d*	29*d*	28*d*	27*d*	26*d*	25*d*
HRB500、HRBF500	—	48*d*	43*d*	39*d*	36*d*	34*d*	32*d*	31*d*	30*d*

抗震设计时受拉钢筋基本锚固长度 l_{abE} **表 1-7**

钢筋种类		混凝土强度等级								
		C20	C25	C30	C35	C40	C45	C50	C55	≥C60
HPB300	一、二级	45*d*	39*d*	35*d*	32*d*	29*d*	28*d*	26*d*	25*d*	24*d*
	三级	41*d*	36*d*	32*d*	29*d*	26*d*	25*d*	24*d*	23*d*	22*d*
HRB335	一、二级	44*d*	38*d*	33*d*	31*d*	29*d*	26*d*	25*d*	24*d*	24*d*
	三级	40*d*	35*d*	31*d*	28*d*	26*d*	24*d*	23*d*	22*d*	22*d*
HRB400 HRBF400	一、二级	—	46*d*	40*d*	37*d*	33*d*	32*d*	31*d*	30*d*	29*d*
	三级	—	42*d*	37*d*	34*d*	30*d*	29*d*	28*d*	27*d*	26*d*
HRB500 HRBF500	一、二级	—	55*d*	49*d*	45*d*	41*d*	39*d*	37*d*	36*d*	35*d*
	三级	—	50*d*	45*d*	41*d*	38*d*	36*d*	34*d*	33*d*	32*d*

注：1. 四级抗震时，$l_{abE}=l_{ab}$。
2. 当锚固钢筋的保护层厚度不大于 5*d* 时，锚固钢筋长度范围内应设置横向构造钢筋，其直径不应小于 *d*/4（*d* 为锚固钢筋的最大直径）；对梁、柱等构件间距不应大于 5*d*，对板、墙等构件间距不应大于 10*d*，且均不应大于 100mm（*d* 为锚固钢筋的最小直径）。

当钢筋锚固长度有限而靠自身的锚固性能又无法满足受力钢筋承载力的要求时，可以在钢筋末端配置弯钩和采用机械锚固。这是减小锚固长度的有效方式，其原理是利用受力钢筋端部锚头（弯钩、贴焊锚筋、焊接锚板或螺栓锚头）对混凝土的局部挤压作用加大锚固承载力。锚头对混凝土的局部挤压保证了钢筋不会发生锚固拔出破坏，但锚头前必须有一定的直段锚固长度，以控制锚固钢筋的滑移，使构件不致发生较大的裂缝和变形。因此当纵向受拉普通钢筋末端采用钢筋弯钩或机械锚固措施时，包括弯钩或锚固端头在内的锚固长度（投影长度）可取为基本锚固长度 l_{ab} 的 60%。弯钩和机械锚固的形式（图 1-2）和技术要求应符合表 1-8 的规定。

钢筋弯钩和机械锚固的形式和技术要求　　表 1-8

锚固形式	技术要求
90°弯钩	末端 90°弯钩，弯钩内径 4d，弯后直段长度 12d
135°弯钩	末端 135°弯钩，弯钩内径 4d，弯后直段长度 5d
一侧贴焊锚筋	末端一侧贴焊长 5d 同直径钢筋
两侧贴焊锚筋	末端两侧贴焊长 3d 同直径钢筋
焊端锚板	末端与厚度 d 的锚板穿孔塞焊
螺栓锚头	末端旋入螺栓锚头

注：1. 焊缝和螺纹长度应满足承载能力要求。
2. 螺栓锚头或焊接锚板的承压净面积应不小于锚固钢筋计算截面积的 4 倍。
3. 螺栓锚头的规格应符合相关标准的要求。
4. 螺栓锚头和焊接锚板的钢筋净间距不宜小于 4d，否则应考虑群锚效应的不利影响。
5. 截面角部的弯钩和一侧贴焊锚筋的布筋方向宜向截面内侧偏置。

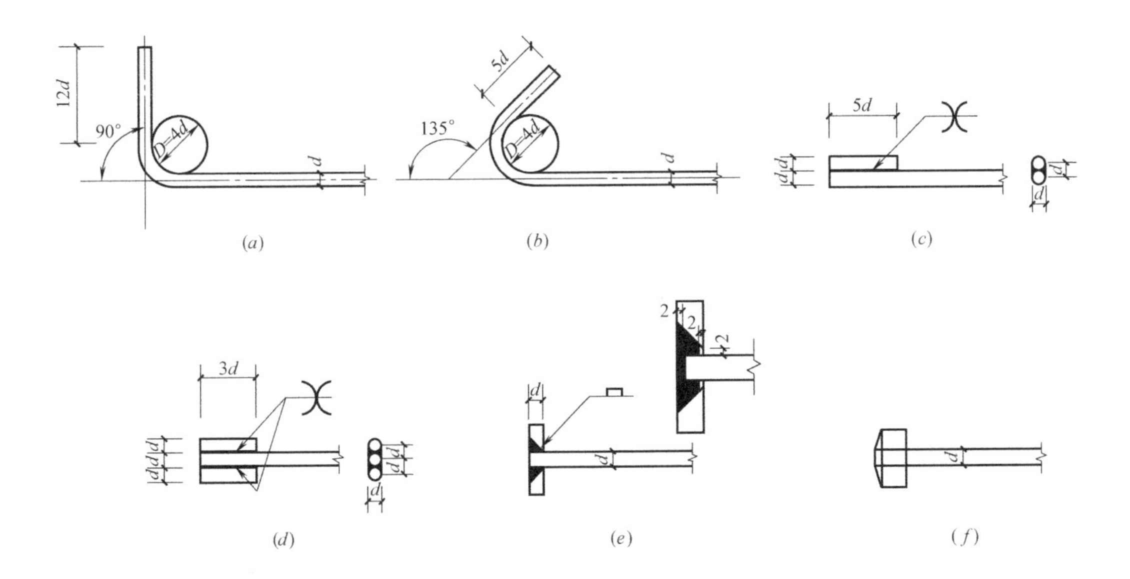

图 1-2　弯钩和机械锚固的形式和技术要求

(*a*) 末端带 90°弯钩；(*b*) 末端带 135°弯钩；(*c*) 末端一侧贴焊锚筋；
(*d*) 末端两侧贴焊锚筋；(*e*) 末端与钢板穿孔塞焊；(*f*) 末端带螺栓锚头

1.4.4 钢筋的连接

1. 绑扎搭接

绑扎搭接是一种比较可靠的钢筋连接方式，由于其施工简便而得到广泛应用。只要遵循规范的有关规定，这种连接方式完全可以满足钢筋传力的基本要求。但对直径较粗的受力钢筋，绑扎搭接施工不便，且连接区域容易发生较宽裂缝。因此，随着近年钢筋强度提高以及各种机械连接技术的发展，根据工程经验及接头性质，《混凝土结构设计规范（2015 版）》（GB 50010—2010）中规定：

（1）纵向受拉钢筋的搭接长度计算

轴心受拉及小偏心受拉杆件的纵向受力钢筋不得采用绑扎搭接；其他构件中的钢筋采用绑扎搭接时，受拉钢筋直径不宜大于 25mm，受压钢筋直径不宜大于 28mm。

纵向受拉钢筋绑扎搭接接头的搭接长度，应根据位于同一连接区段内的钢筋搭接接头面积百分率按下列公式计算，且不应小于 300mm。

$$l_l=\zeta_l l_a \tag{1-3}$$

抗震绑扎搭接长度的计算公式为：

$$l_{lE}=\zeta_l l_{aE} \tag{1-4}$$

式中　l_l——纵向受拉钢筋的搭接长度，见表 1-9；

纵向受拉钢筋搭接长度 l_l　　　**表 1-9**

钢筋种类		混凝土强度等级																
		C20	C25		C30		C35		C40		C45		C50		C55		≥C60	
		d≤25	d≤25	d>25	d≤25	d>25	d≤25	d>25	d≤25	d>25	d≤25	d>25	d≤25	d>25	d≤25	d>25	d≤25	d>25
HPB300	≤25%	47d	41d	—	36d	—	34d	—	30d	—	29d	—	28d	—	26d	—	25d	—
	50%	55d	48d	—	42d	—	39d	—	35d	—	34d	—	32d	—	31d	—	29d	—
	100%	62d	54d	—	48d	—	45d	—	40d	—	38d	—	37d	—	35d	—	34d	—
HRB335	≤25%	46d	40d	—	35d	—	32d	—	30d	—	28d	—	26d	—	25d	—	25d	—
	50%	53d	46d	—	41d	—	38d	—	35d	—	32d	—	31d	—	29d	—	29d	—
	100%	61d	53d	—	46d	—	43d	—	40d	—	37d	—	35d	—	34d	—	34d	—
HRB400 HRBF400 RRB400	≤25%	—	48d	53d	42d	47d	38d	42d	35d	38d	34d	37d	32d	36d	31d	35d	30d	34d
	50%	—	56d	62d	49d	55d	45d	49d	41d	45d	39d	43d	38d	42d	36d	41d	35d	39d
	100%	—	64d	70d	56d	62d	51d	56d	46d	51d	45d	50d	43d	48d	42d	46d	40d	45d
HRB500 HRBF500	≤25%	—	58d	64d	52d	56d	47d	52d	43d	48d	41d	44d	38d	42d	37d	41d	36d	40d
	50%	—	67d	74d	60d	66d	55d	60d	50d	56d	48d	52d	45d	49d	43d	48d	42d	46d
	100%	—	77d	85d	69d	75d	62d	69d	58d	64d	54d	59d	51d	56d	50d	54d	48d	53d

注：1. 表中数值为纵向受拉钢筋绑扎搭接接头的搭接长度。
2. 两根不同直径钢筋搭接时，表中 d 取较细钢筋直径。
3. 当为环氧树脂涂层带肋钢筋时，表中数据尚应乘以 1.25。
4. 当纵向受拉钢筋在施工过程中易受扰动时，表中数据尚应乘以 1.1。
5. 当搭接长度范围内纵向受力钢筋周边保护层厚度为 $3d$、$5d$（d 为搭接钢筋的直径）时，表中数据尚可分别乘以 0.8、0.7；中间时按内插值。
6. 当上述修正系数（注 3～注 5）多于一项时，可按连乘计算。
7. 当位于同一连接区段内的钢筋搭接接头面积百分率为表中数据中间值时，搭接长度可按内插取值。
8. 任何情况下，搭接长度不应小于 300mm。
9. HPB300 级钢筋末端应做 180°弯钩，做法详见图 1-1。

l_{lE}——纵向抗震受拉钢筋的搭接长度，见表 1-10；

纵向受拉钢筋抗震搭接长度 l_{lE} **表 1-10**

钢筋种类			混凝土强度等级																
			C20	C25		C30		C35		C40		C45		C50		C55		≥C60	
			$d\leq$25	$d\leq$25	$d>$25	$d\leq$25	$d>$25	$d\leq$25	$d>$25	$d\leq$25	$d>$25	$d\leq$25	$d>$25	$d\leq$25	$d>$25	$d\leq$25	$d>$25	$d\leq$25	$d>$25
一、二级抗震等级	HPB300	≤25%	54d	47d	—	42d	—	38d	—	35d	—	34d	—	31d	—	30d	—	29d	—
		50%	63d	55d	—	49d	—	45d	—	41d	—	39d	—	36d	—	35d	—	34d	—
	HRB335	≤25%	53d	46d	—	40d	—	37d	—	35d	—	31d	—	30d	—	29d	—	29d	—
		50%	62d	53d	—	46d	—	43d	—	41d	—	36d	—	35d	—	34d	—	34d	—
	HRB400 HRBF400	≤25%	—	55d	61d	48d	54d	44d	48d	40d	44d	38d	43d	37d	42d	36d	40d	35d	38d
		50%	—	64d	71d	56d	63d	52d	56d	46d	52d	45d	50d	43d	49d	42d	46d	41d	45d
	HRB500 HRBF500	≤25%	—	66d	73d	59d	65d	54d	59d	49d	55d	47d	52d	44d	48d	43d	47d	42d	46d
		50%	—	77d	85d	69d	76d	63d	69d	57d	64d	55d	60d	52d	56d	50d	55d	49d	53d
三级抗震等级	HPB300	≤25%	49d	43d	—	38d	—	35d	—	31d	—	30d	—	29d	—	28d	—	26d	—
		50%	57d	50d	—	45d	—	41d	—	36d	—	25d	—	34d	—	32d	—	31d	—
	HRB335	≤25%	48d	42d	—	36d	—	34d	—	31d	—	29d	—	28d	—	26d	—	26d	—
		50%	56d	49d	—	42d	—	39d	—	36d	—	34d	—	32d	—	31d	—	31d	—
	HRB400 HRBF400	≤25%	—	50d	55d	44d	49d	41d	44d	36d	41d	35d	40d	34d	38d	32d	36d	31d	35d
		50%	—	59d	64d	52d	57d	48d	52d	42d	48d	41d	46d	39d	45d	38d	42d	36d	41d
	HRB500 HRBF500	≤25%	—	60d	67d	54d	59d	49d	54d	46d	50d	43d	47d	41d	44d	40d	43d	38d	42d
		50%	—	70d	78d	63d	69d	57d	63d	53d	59d	50d	55d	48d	52d	46d	50d	45d	49d

注：1. 表中数值为纵向受拉钢筋绑扎搭接接头的搭接长度。
2. 两根不同直径钢筋搭接时，表中 d 取较细钢筋直径。
3. 当为环氧树脂涂层带肋钢筋时，表中数据尚应乘以 1.25。
4. 当纵向受拉钢筋在施工过程中易受扰动时，表中数据尚应乘以 1.1。
5. 当搭接长度范围内纵向受力钢筋周边保护层厚度为 3d、5d（d 为搭接钢筋的直径）时，表中数据尚可分别乘以 0.8、0.7；中间时按内插值。
6. 当上述修正系数（注 3～注 5）多于一项时，可按连乘计算。
7. 当位于同一连接区段内的钢筋搭接接头面积百分率为 100%时，$l_{lE}=1.6l_{aE}$。
8. 当位于同一连接区段内的钢筋搭接接头面积百分率为表中数据中间值时，搭接长度可按内插取值。
9. 任何情况下，搭接长度不应小于 300mm。
10. 四级抗震等级时，$l_{lE}=l_l$。
11. HPB300 级钢筋末端应做 180°弯钩，做法详见图 1-1。

ζ_l——纵向受拉钢筋搭接长度的修正系数，按表 1-11 取用。当纵向搭接钢筋接头面积百分率为表的中间值时，修正系数可按内插取值。

纵向受拉钢筋搭接长度修正系数 **表 1-11**

纵向搭接钢筋接头面积百分率(%)	≤25	50	100
ζ_l	1.2	1.4	1.6

同一构件中相邻纵向受力钢筋的绑扎搭接接头宜互相错开。钢筋绑扎搭接接头连接区

段的长度为 1.3 倍搭接长度，凡搭接接头中点位于该连接区段长度内的搭接接头均属于同一连接区段（图 1-3）。同一连接区段内纵向受力钢筋搭接接头面积百分率为该区段内有搭接接头的纵向受力钢筋与全部纵向受力钢筋截面面积的比值。当直径不同的钢筋搭接时，按直径较小的钢筋计算。

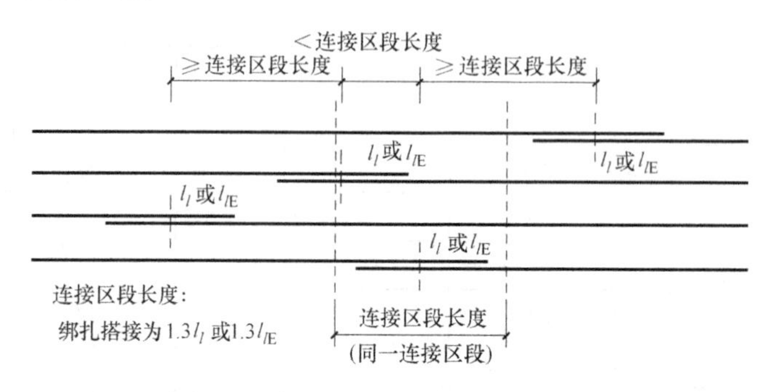

图 1-3　同一连接区段内纵向受拉钢筋的绑扎搭接接头

注：图中所示同一连接区段内的搭接接头钢筋为两根，当钢筋直径相同时，钢筋搭接接头面积百分率为 50%。

位于同一连接区段内的受拉钢筋搭接接头面积百分率：对梁类、板类及墙类构件，不宜大于 25%；对柱类构件，不宜大于 50%。当工程中确有必要增大受拉钢筋搭接接头面积百分率时，对梁类构件，不宜大于 50%；对板、墙、柱及预制构件的拼接处，可根据实际情况放宽。

并筋采用绑扎搭接连接时，应按每根单筋错开搭接的方式连接。接头面积百分率应按同一连接区段内所有的单根钢筋计算。并筋中钢筋的搭接长度应按单筋分别计算。

(2) 纵向受压钢筋的搭接长度

构件中的纵向受压钢筋当采用搭接连接时，其受压搭接长度不应小于纵向受拉钢筋搭接长度的 70%，且不应小于 200mm。

(3) 纵向受力钢筋搭接长度范围内应配置加密箍筋

在梁、柱类构件的纵向受力钢筋搭接长度范围内的构造钢筋直径大于 25mm 时，尚应在搭接接头两个端面外 100mm 的范围内各设置两道箍筋。

(4) 纵向受力钢筋的非接触搭接

纵向钢筋的非接触搭接连接，其实质是两根钢筋在其搭接范围混凝土内的分别锚固，实现混凝土对钢筋的完全握裹，从而能使混凝土对钢筋产生足够高的锚固效应，进而实现受拉钢筋的可靠锚固，完成可靠的钢筋搭接连接。

纵向受力钢筋的搭接构造如图 1-4 所示。

非接触搭接可用于条形基础底板、梁板式筏形基础平板中纵向钢筋的连接。

2. 机械连接

钢筋的机械连接是通过连贯于两根钢筋外的套筒来实现传力。套筒与钢筋之间力的过渡是通过机械咬合力。机械连接的主要形式有挤压套筒连接；镦粗直螺纹连接；锥螺纹套筒连接等，各类钢筋机械连接方法的适用范围见表 1-12。套筒内加楔劈连接或灌注环氧

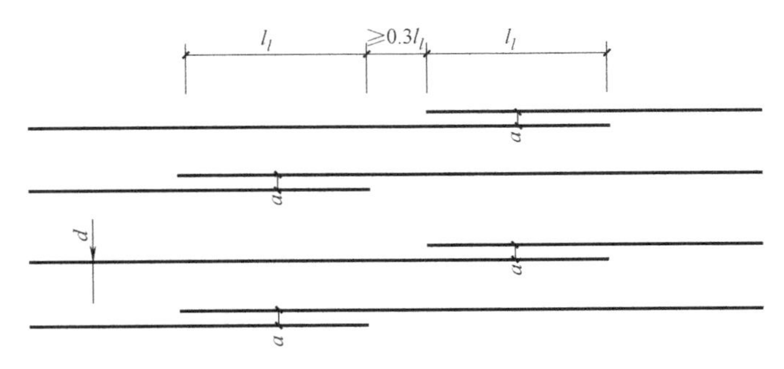

图 1-4 非接触纵向钢筋搭接构造

树脂或其他材料的各类新的连接形式也正在开发。

机械连接方法的使用范围 **表 1-12**

机械连接方法	适用范围	
	钢筋级别	钢筋直径(mm)
挤压套筒连接	HRB335、HRB400、RRB400	16～40
镦粗直螺纹连接	HRB335、HRB400	16～40
锥螺纹套筒连接	HRB335、HRB400、RRB400	16～40

纵向受力钢筋的机械连接接头宜相互错开。钢筋机械连接区段的长度为 35d，d 为连接钢筋的较小直径。凡接头中点位于该连接区段长度内的机械连接接头均属于同一连接区段，如图 1-5 所示。

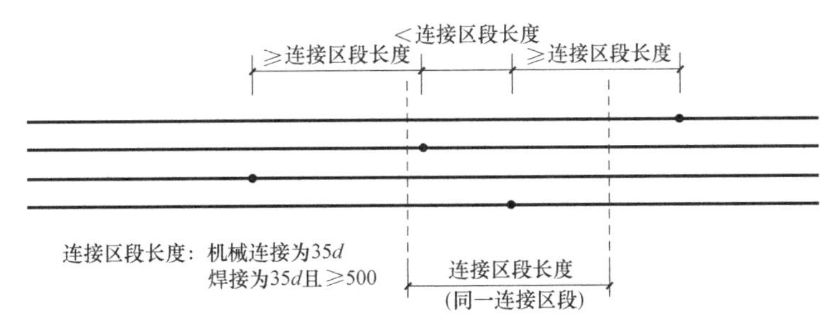

图 1-5 同一连接区段内纵向受拉钢筋机械连接、焊接接头

位于同一连接区段内的纵向受拉钢筋接头面积百分率不宜大于 50%；但对板、墙、柱及预制构件的拼接处，可根据实际情况放宽。纵向受压钢筋的接头百分率可不受限制。

直接承受动力荷载结构构件中的机械连接接头，除应满足设计要求的抗疲劳性能外，位于同一连接区段内的纵向受力钢筋接头面积百分率不应大于 50%。

3. 焊接连接

纵向受力钢筋焊接连接的方法有：闪光对焊、电渣压力焊等。

细晶粒热轧带肋钢筋以及直径大于 28mm 的带肋钢筋，其焊接应经试验确定；余热处理钢筋不宜焊接。

纵向受力钢筋的焊接接头应相互错开。钢筋焊接接头连接区段的长度为 35d 且不小于 500mm，d 为连接钢筋的较小直径，凡接头中点位于该连接区段长度内的焊接接头均属于同一连接区段，如图 1-3 所示。

纵向受拉钢筋的接头面积百分率不宜大于 50%，但对预制构件的拼接处，可根据实际情况放宽。纵向受压钢筋的接头百分率可不受限制。

1.4.5 箍筋及拉筋弯钩

梁、柱、剪力墙中的箍筋和拉筋的主要内容有：弯钩角度为 135°；水平段长度 l_h 取 max（10d，75），d 为箍筋直径。

通常，箍筋应做成封闭式，拉筋要求应紧靠纵向钢筋并同时勾住外封闭箍筋。梁、柱、剪力墙封闭箍筋及拉筋弯钩构造如图 1-6 所示。

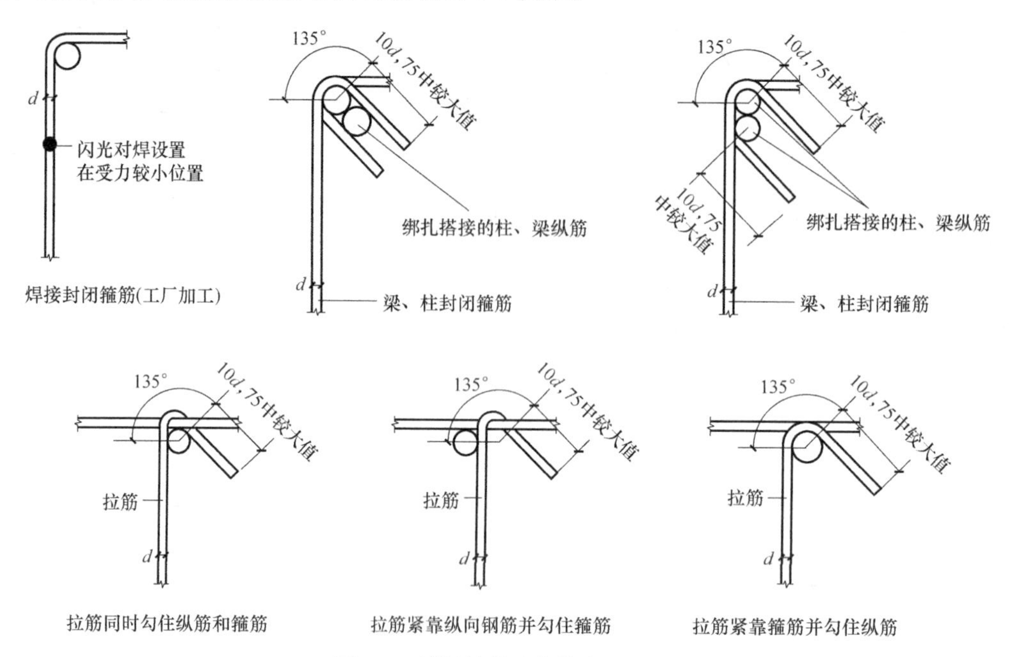

图 1-6　封闭箍筋及拉筋弯钩构造

2　柱钢筋翻样

2.1　柱钢筋识读

2.1.1　柱平法施工图表示方法

（1）柱平法施工图系在柱平面布置图上采用列表注写方式或截面注写方式表达。

（2）柱平面布置图，可采用适当比例单独绘制，也可与剪力墙平面布置图合并绘制。

（3）在柱平法施工图中，应按以下规定注明各结构层的楼面标高、结构层高及相应的结构层号，尚应注明上部结构嵌固部位位置：

按平法设计绘制结构施工图时，应当用表格或其他方式注明各结构层的楼面标高、结构层高及相应的结构层号。尚应注明上部结构嵌固部位位置。

（4）上部结构嵌固部位的注写：

1）框架柱嵌固部位在基础顶面上，无需注明。

2）框架柱嵌固部位不在基础顶面时，在层高表嵌固部位标高下使用双细线注明，并在层高表下注明上部结构嵌固部位标高。

3）框架柱嵌固部位不在地下室顶板，但仍需考虑地下室顶板对上部结构实际存在嵌固作用时，可在层高表地下室顶板标高下使用双虚线注明，此时首层柱端箍筋加密区长度范围及纵筋连接位置均按嵌固部位要求设置。

2.1.2　列表注写方式

（1）列表注写方式，系在柱平面布置图上（一般只需采用适当比例绘制一张柱平面布置图，包括框架柱、转换柱、梁上柱和剪力墙上柱），分别在同一编号的柱中选择一个（有时需要选择几个）截面标注几何参数代号；在柱表中注写柱编号、柱段起止标高、几何尺寸（含柱截面对轴线的偏心情况）与配筋的具体数值，并配以各种柱截面形状及其箍筋类型图的方式，来表达柱平法施工图。

（2）柱表注写内容规定如下：

1）注写柱编号。柱编号由类型代号和序号组成，应符合表 2-1 的规定。

2）注写柱段起止标高，自柱根部往上以变截面位置或截面未变但配筋改变处为界分段注写。框架柱和转换柱的根部标高系指基础顶面标高；芯柱的根部标高系指根据结构实际需要而定的起始位置标高；梁上柱的根部标高系指梁顶面标高；剪力墙上柱的根部标高

柱编号　　表 2-1

柱类型	代号	序号
框架柱	KZ	××
转换柱	ZHZ	××
芯柱	XZ	××
梁上柱	LZ	××
剪力墙上柱	QZ	××

注：编号时，当柱的总高、分段截面尺寸和配筋均应对应相同，仅截面与轴线的关系不同时，仍可将其编为同一柱号，但应在图中注明截面轴线的关系。

为墙顶面标高。

注：剪力墙上柱 QZ 包括“柱纵筋锚固在墙顶部”、“柱与墙重叠一层”两种构造做法，设计人员应注明选用哪种做法。当选用“柱纵筋锚固在墙顶部”做法时，剪力墙平面外方向应设梁。

3）对于矩形柱，注写柱截面尺寸用 $b \times h$ 及与轴线关系的几何参数代号 b_1、b_2 和 h_1、h_2 的具体数值，需对应于各段柱分别注写。其中 $b=b_1+b_2$，$h=h_1+h_2$。当截面的某一边收缩变化至与轴线重合或偏到轴线的另一侧时，b_1、b_2、h_1、h_2 中的某项为零或为负值。

对于圆柱，表中 $b \times h$ 一栏改用在圆柱直径数字前加 d 表示。为表达简单，圆柱截面与轴线的关系也用 b_1、b_2 和 h_1、h_2 表示，并使 $d=b_1+b_2=h_1+h_2$。

对于芯柱，根据结构需要，可以在某些框架柱的一定高度范围内，在其内部的中心位置设置（分别引注其柱编号）；芯柱中心应与柱中心重合，并标注其截面尺寸，按本书钢筋构造详图施工；当设计者采用与本构造详图不同的做法时，应另行注明。芯柱定位随框架柱，不需要注写其与轴线的几何关系。

4）注写柱纵筋。当柱纵筋直径相同，各边根数也相同时（包括矩形柱、圆柱和芯柱），可将纵筋注写在“全部纵筋”一栏中；除此之外，柱纵筋分角筋、截面 b 边中部筋和 h 边中部筋三项分别注写（对于采用对称配筋的矩形截面柱，可仅注写一侧中部筋，对称边省略不注；对于采用非对称配筋的矩形截面柱，必须每侧均注写中部筋）。

5）注写箍筋类型号及箍筋肢数，在箍筋类型栏内注写按（3）规定的箍筋类型号与肢数。

6）注写柱箍筋，包括箍筋级别、直径与间距。

用斜线“/”区分柱端箍筋加密区与柱身非加密区长度范围内箍筋的不同间距。施工人员需根据标准构造详图的规定，在规定的几种长度值中取其最大者作为加密区长度。当框架节点核心区内箍筋与柱端箍筋设置不同时，应在括号中注明核心区箍筋直径及间距。

当箍筋沿柱全高为一种间距时，则不使用“/”线。

当圆柱采用螺旋箍筋时，需在箍筋前加“L”。

（3）具体工程所设计的各种箍筋类型图以及箍筋复合的具体方式，需画在表的上部或图中的适当位置，并在其上标注与表中相对应的 b、h 和类型号。

注：确定箍筋肢数时要满足对柱纵筋“隔一拉一”以及箍筋肢距的要求。

（4）采用列表注写方式表达的柱平法施工图示例见图 2-1。

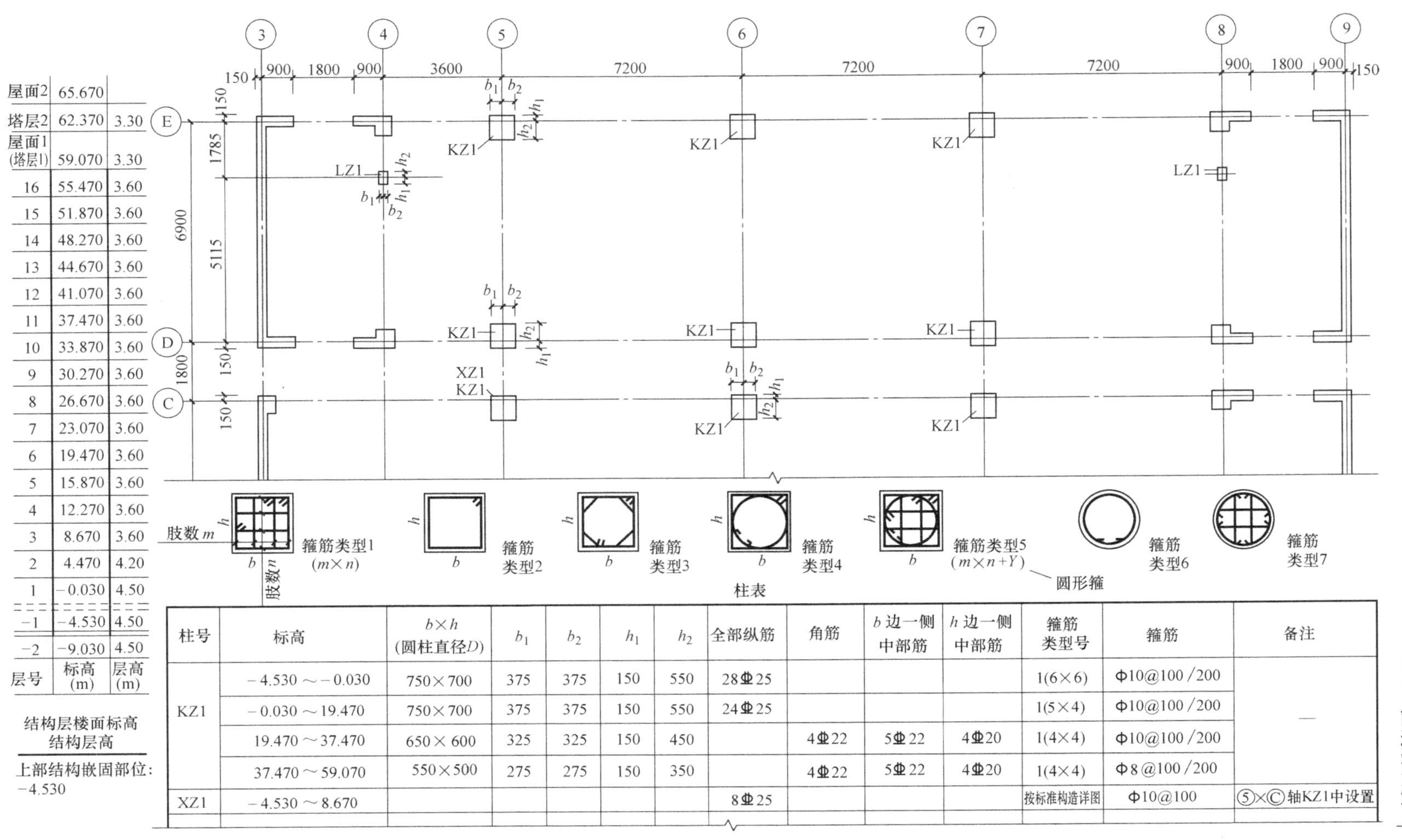

层号	标高(m)	层高(m)
屋面2	65.670	
塔层2	62.370	3.30
屋面1(塔层1)	59.070	3.30
16	55.470	3.60
15	51.870	3.60
14	48.270	3.60
13	44.670	3.60
12	41.070	3.60
11	37.470	3.60
10	33.870	3.60
9	30.270	3.60
8	26.670	3.60
7	23.070	3.60
6	19.470	3.60
5	15.870	3.60
4	12.270	3.60
3	8.670	3.60
2	4.470	4.20
1	-0.030	4.50
-1	-4.530	4.50
-2	-9.030	4.50

结构层楼面标高
结构层高

上部结构嵌固部位：-4.530

柱表

柱号	标高	$b \times h$（圆柱直径D）	b_1	b_2	h_1	h_2	全部纵筋	角筋	b边一侧中部筋	h边一侧中部筋	箍筋类型号	箍筋	备注
KZ1	-4.530～-0.030	750×700	375	375	150	550	28Φ25				1(6×6)	Φ10@100/200	—
	-0.030～19.470	750×700	375	375	150	550	24Φ25				1(5×4)	Φ10@100/200	
	19.470～37.470	650×600	325	325	150	450		4Φ22	5Φ22	4Φ20	1(4×4)	Φ10@100/200	
	37.470～59.070	550×500	275	275	150	350		4Φ22	5Φ22	4Φ20	1(4×4)	Φ8@100/200	
XZ1	-4.530～8.670						8Φ25				按标准构造详图	Φ10@100	⑤×Ⓒ轴KZ1中设置

图2-1 柱平法施工图列表注写方式示例

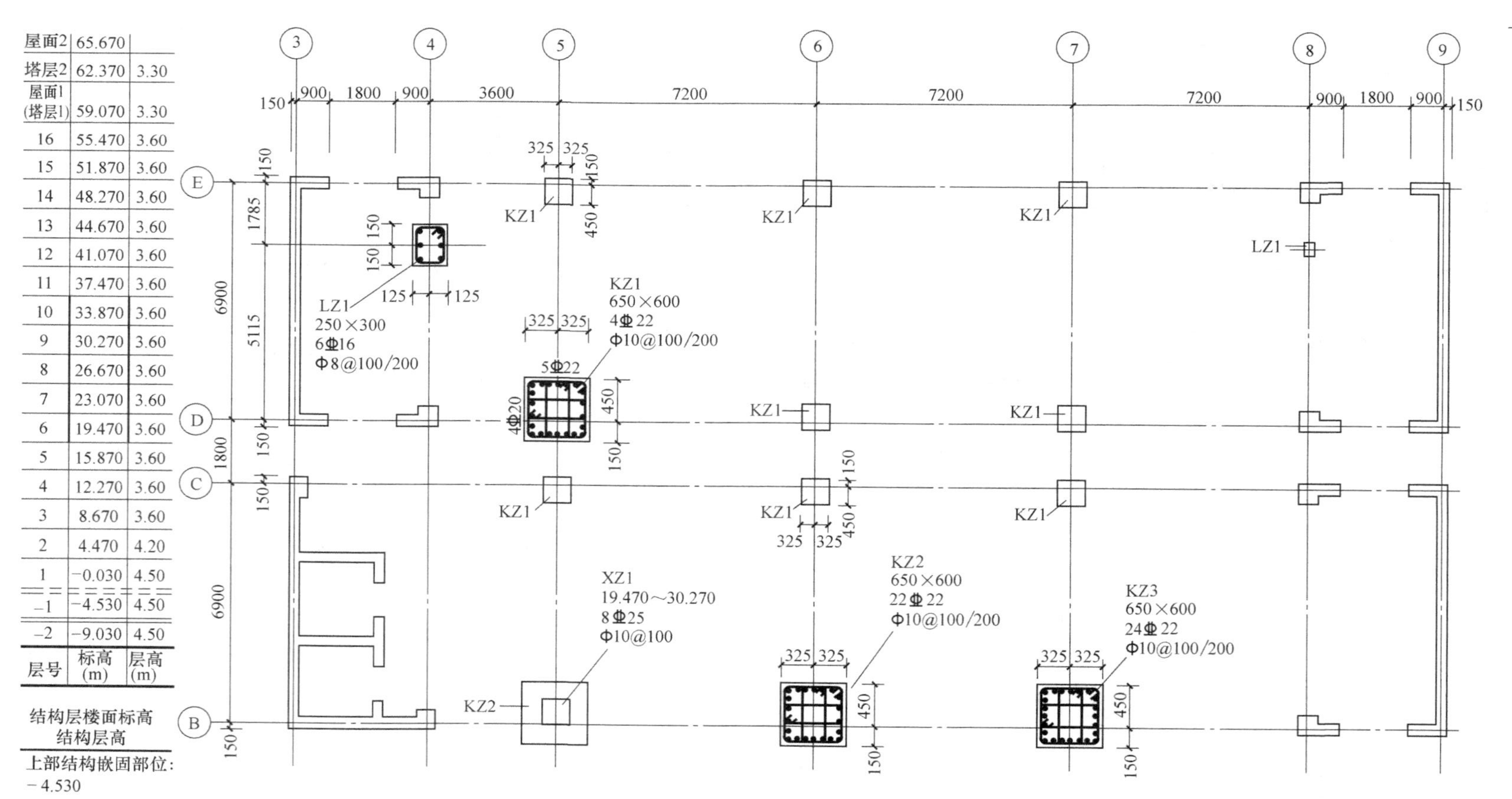

层号	标高(m)	层高(m)
屋面2	65.670	
塔层2	62.370	3.30
屋面1(塔层1)	59.070	3.30
16	55.470	3.60
15	51.870	3.60
14	48.270	3.60
13	44.670	3.60
12	41.070	3.60
11	37.470	3.60
10	33.870	3.60
9	30.270	3.60
8	26.670	3.60
7	23.070	3.60
6	19.470	3.60
5	15.870	3.60
4	12.270	3.60
3	8.670	3.60
2	4.470	4.20
1	−0.030	4.50
−1	−4.530	4.50
−2	−9.030	4.50

结构层楼面标高
结构层高

上部结构嵌固部位：
−4.530

图 2-2 柱平法施工图截面注写方式示例

2.1.3 截面注写方式

(1) 截面注写方式，系在柱平面布置图的柱截面上，分别在同一编号的柱中选择一个截面，以直接注写截面尺寸和配筋具体数值的方式来表达柱平法施工图。

(2) 对除芯柱之外的所有柱截面按表 2-1 的规定进行编号，从相同编号的柱中选择一个截面，按另一种比例原位放大绘制柱截面配筋图，并在各配筋图上继其编号后再注写截面尺寸 $b \times h$、角筋或全部纵筋（当纵筋采用一种直径且能够图示清楚时）、箍筋的具体数值，以及在柱截面配筋图上标注柱截面与轴线关系 b_1、b_2、h_1、h_2 的具体数值。

当纵筋采用两种直径时，需再注写截面各边中部筋的具体数值（对于采用对称配筋的矩形截面柱，可仅在一侧注写中部筋，对称边省略不注）。

当在某些框架柱的一定高度范围内，在其内部的中心位置设置芯柱时，首先按照表 2-1 的规定进行编号，继其编号之后注写芯柱的起止标高、全部纵筋及箍筋的具体数值，芯柱截面尺寸按构造确定，并按标准构造详图施工，设计不注；当设计者采用不同的做法时，应另行注明。芯柱定位随框架柱，不需要注写其与轴线的几何关系。

(3) 在截面注写方式中，如柱的分段截面尺寸和配筋均相同，仅截面与轴线的关系不同时，可将其编为同一柱号。但此时应在未画配筋的柱截面上注写该柱截面与轴线关系的具体尺寸。

(4) 采用截面注写方式表达的柱平法施工图示例见图 2-2。

2.2 柱钢筋翻样方法与技巧

2.2.1 梁上柱插筋翻样

梁上柱插筋可分为三种构造形式：绑扎搭接、机械连接、焊接连接，如图 2-3 所示。

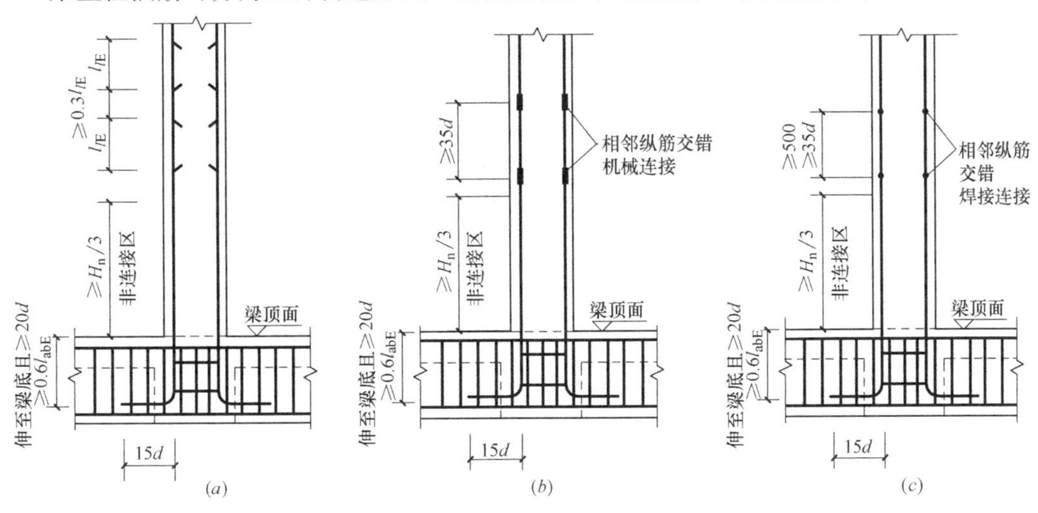

图 2-3 梁上柱插筋构造

(a) 绑扎搭接；(b) 机械连接；(c) 焊接连接

（1）绑扎搭接

梁上柱长插筋长度=梁高度−梁保护层厚度−Σ[梁底部钢筋直径+max(25,d)]+15d+max(H_n/6,500,h_c)+2.3l_{lE} （2-1）

梁上柱短插筋长度=梁高度−梁保护层厚度−Σ[梁底部钢筋直径+max(25,d)]+15d+max(H_n/6,500,h_c)+l_{lE} （2-2）

（2）机械连接

梁上柱长插筋长度=梁高度−梁保护层厚度−Σ[梁底部钢筋直径+max(25,d)]+15d+max(H_n/6,500,h_c)+35d （2-3）

梁上柱短插筋长度=梁高度−梁保护层厚度−Σ[梁底部钢筋直径+max(25,d)]+15d+max(H_n/6,500,h_c) （2-4）

（3）焊接连接

梁上柱长插筋长度=梁高度−梁保护层厚度−Σ[梁底部钢筋直径+max(25,d)]+15d+max(H_n/6,500,h_c)+max(35d,500) （2-5）

梁上柱短插筋长度=梁高度−梁保护层厚度−Σ[梁底部钢筋直径+max(25,d)]+15d+max(H_n/6,500,h_c) （2-6）

2.2.2 墙上柱插筋翻样

墙上柱插筋可分为三种构造形式：绑扎搭接、机械连接、焊接连接，如图2-4所示。

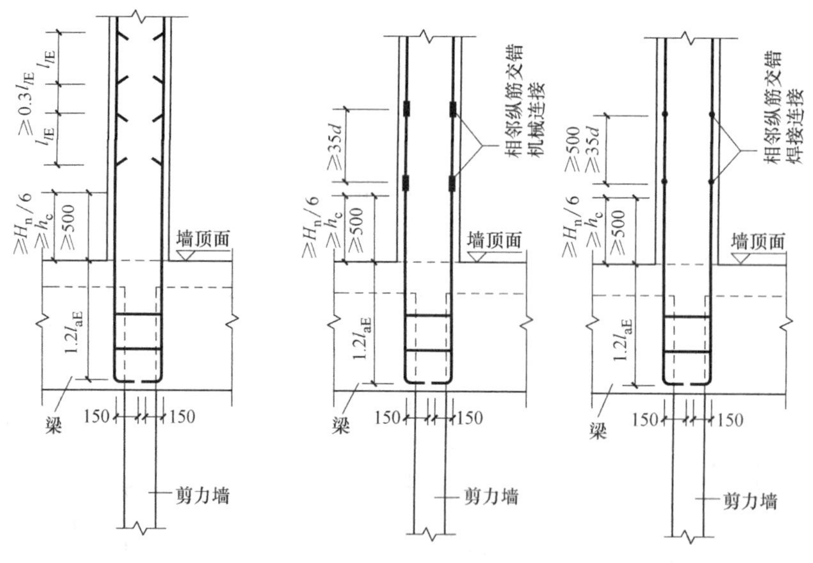

图2-4 墙上柱插筋构造

（1）绑扎搭接

墙上柱长插筋长度=1.2l_{aE}+max(H_n/6,500,h_c)+2.3l_{lE}+弯折(h_c/2−保护层厚度+2.5d) （2-7）

墙上柱短插筋长度$=1.2l_{aE}+\max(H_n/6,500,h_c)+2.3l_{lE}+$弯折$(h_c/2-$保护层厚度$+2.5d)$　(2-8)

（2）机械连接

墙上柱长插筋长度$=1.2l_{aE}+\max(H_n/6,500,h_c)+35d+$弯折$(h_c/2-$保护层厚度$+2.5d)$　(2-9)

墙上柱短插筋长度$=1.2l_{aE}+\max(H_n/6,500,h_c)+$弯折$(h_c/2-$保护层厚度$+2.5d)$　(2-10)

（3）焊接连接

墙上柱长插筋长度$=1.2l_{aE}+\max(H_n/6,500,h_c)+\max(35d,500)+$弯折$(h_c/2-$保护层厚度$+2.5d)$　(2-11)

墙上柱短插筋长度$=1.2l_{aE}+\max(H_n/6,500,h_c)+$弯折$(h_c/2-$保护层厚度$+2.5d)$　(2-12)

2.2.3　顶层中柱钢筋翻样

1. 顶层弯锚

（1）绑扎搭接（图 2-5）

顶层中柱长筋长度$=$顶层高度$-$保护层厚度$-\max(2H_n/6,500,h_c)+12d$　(2-13)

顶层中柱短筋长度$=$顶层高度$-$保护层厚度$-\max(2H_n/6,500,h_c)-1.3l_{lE}+12d$　(2-14)

（2）机械连接（图 2-6）

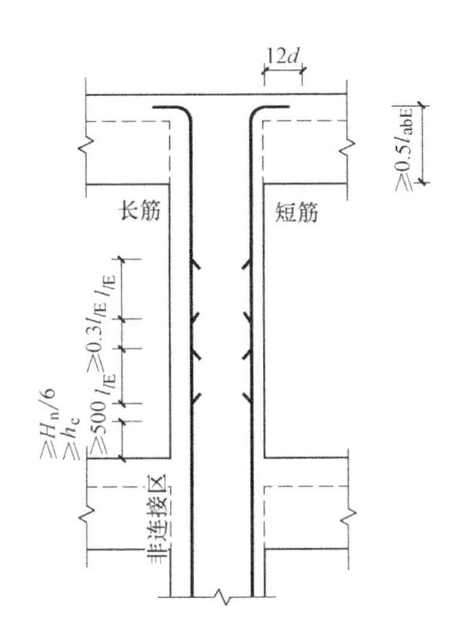

图 2-5　顶层中间框架柱构造（绑扎搭接）

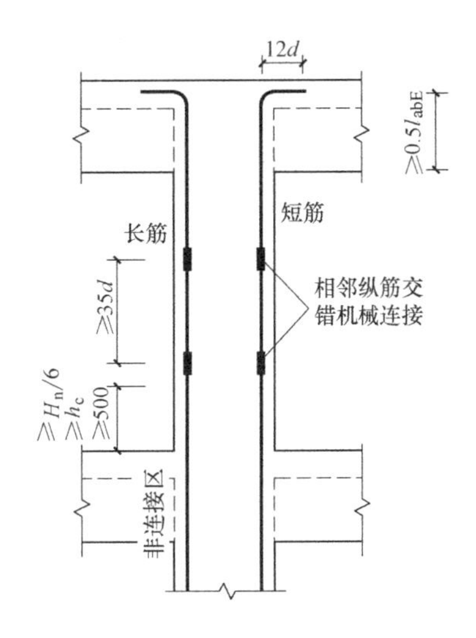

图 2-6　顶层中间框架柱构造（机械连接）

$$顶层中柱长筋长度=顶层高度-保护层厚度-\max(2H_n/6,500,h_c)+12d \quad (2\text{-}15)$$

$$顶层中柱短筋长度=顶层高度-保护层厚度-\max(2H_n/6,500,h_c)-500+12d \quad (2\text{-}16)$$

（3）焊接连接（图 2-7）

$$顶层中柱长筋长度=顶层高度-保护层厚度-\max(2H_n/6,500,h_c)+12d \quad (2\text{-}17)$$

$$顶层中柱短筋长度=顶层高度-保护层厚度-\max(2H_n/6,500,h_c)-\max(35d,500)+12d \quad (2\text{-}18)$$

2. 顶层直锚

（1）绑扎搭接（图 2-8）

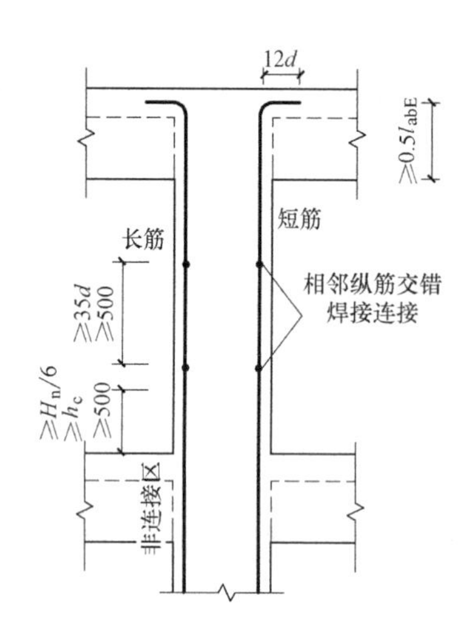

图 2-7　顶层中间框架柱构造（焊接连接）

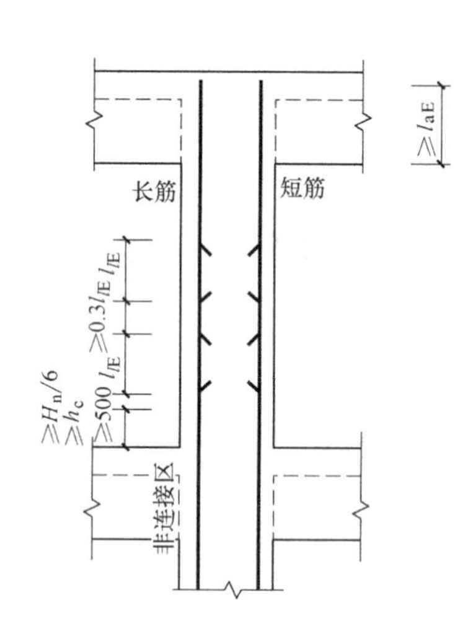

图 2-8　顶层中间框架柱构造（绑扎搭接）

$$顶层中柱长筋长度=顶层高度-保护层厚度-\max(2H_n/6,500,h_c) \quad (2\text{-}19)$$

$$顶层中柱短筋长度=顶层高度-保护层厚度-\max(2H_n/6,500,h_c)-1.3l_{lE} \quad (2\text{-}20)$$

（2）机械连接（图 2-9）

$$顶层中柱长筋长度=顶层高度-保护层厚度-\max(2H_n/6,500,h_c) \quad (2\text{-}21)$$

$$顶层中柱短筋长度=顶层高度-保护层厚度-\max(2H_n/6,500,h_c)-500 \quad (2\text{-}22)$$

（3）焊接连接（图 2-10）

$$顶层中柱长筋长度=顶层高度-保护层厚度-\max(2H_n/6,500,h_c) \quad (2\text{-}23)$$

$$顶层中柱短筋长度=顶层高度-保护层厚度-\max(2H_n/6,500,h_c)-\max(35d,500) \quad (2\text{-}24)$$

2.2.4　顶层边角柱纵筋翻样

以顶层边角柱中节点 D 构造为例，讲解顶层边柱纵筋计算方法。

1）绑扎搭接。当采用绑扎搭接接头时，顶层边角柱节点 D 构造如图 2-11 所示。计算简图如图 2-12 所示。

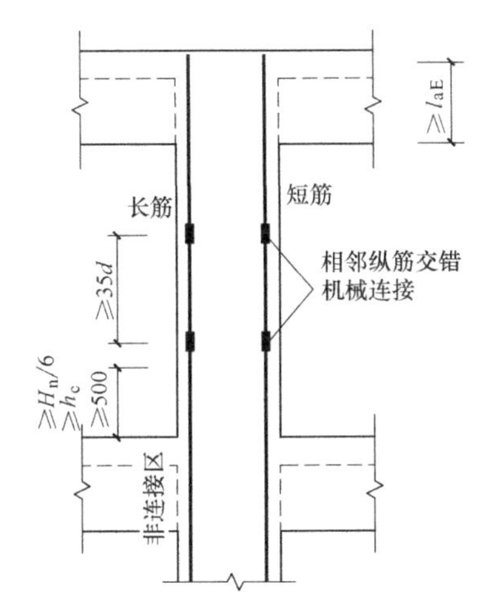

图 2-9 顶层中间框架柱构造（机械连接）

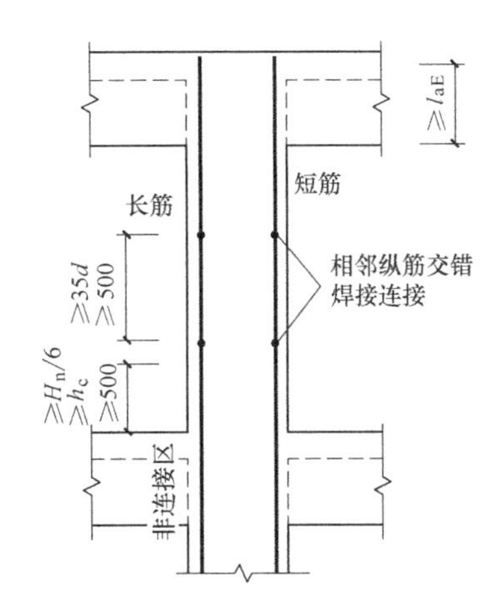

图 2-10 顶层中间框架柱构造（焊接连接）

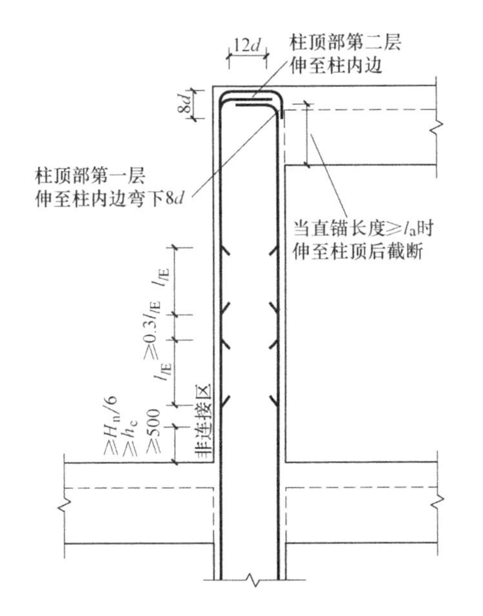

图 2-11 顶层边角柱节点 D 构造（绑扎搭接）

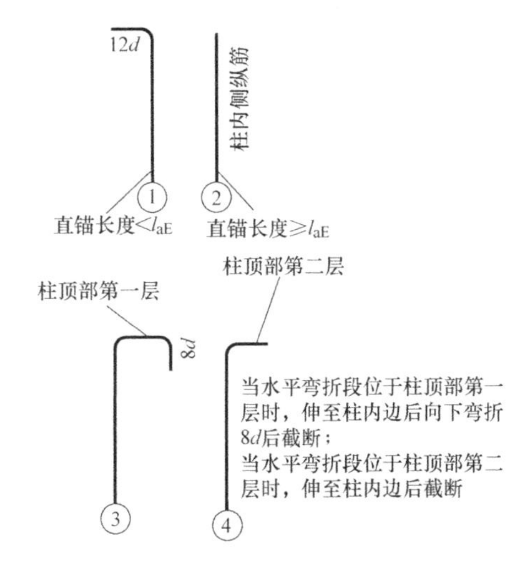

图 2-12 计算简图

① ①号钢筋（柱内侧纵筋）——直锚长度<l_{aE}

长筋长度：

$$l=H_n-\text{梁保护层厚度}-\max(H_n/6,h_c,500)+12d \tag{2-25}$$

短筋长度：

$$l=H_n-\text{梁保护层厚度}-\max(H_n/6,h_c,500)-1.3l_{lE}+12d \tag{2-26}$$

② ②号钢筋（柱内侧纵筋）——直锚长度≥l_{aE}

长筋长度：

$$l=H_n-\text{梁保护层厚度}-\max(H_n/6,h_c,500) \tag{2-27}$$

短筋长度：

$$l=H_n-梁保护层厚度-\max(H_n/6,h_c,500)-1.3l_{lE} \quad (2\text{-}28)$$

③ ③号钢筋（柱顶第一层钢筋）

长筋长度：

$$l=H_n-梁保护层厚度-\max(H_n/6,h_c,500)+柱宽-2\times柱保护层厚度+8d \quad (2\text{-}29)$$

短筋长度：

$$l=H_n-梁保护层厚度-\max(H_n/6,h_c,500)-1.3l_{lE}+柱宽-2\times柱保护层厚度+8d \quad (2\text{-}30)$$

④ ④号钢筋（柱顶第二层钢筋）

长筋长度：

$$l=H_n-梁保护层厚度-\max(H_n/6,h_c,500)+柱宽-2\times柱保护层厚度 \quad (2\text{-}31)$$

短筋长度：

$$l=H_n-梁保护层厚度-\max(H_n/6,h_c,500)-1.3l_{lE}+柱宽-2\times柱保护层厚度 \quad (2\text{-}32)$$

2）焊接或机械连接。当采用焊接或机械连接接头时，顶层边角柱节点D构造如图2-13所示。计算简图如图2-14所示。

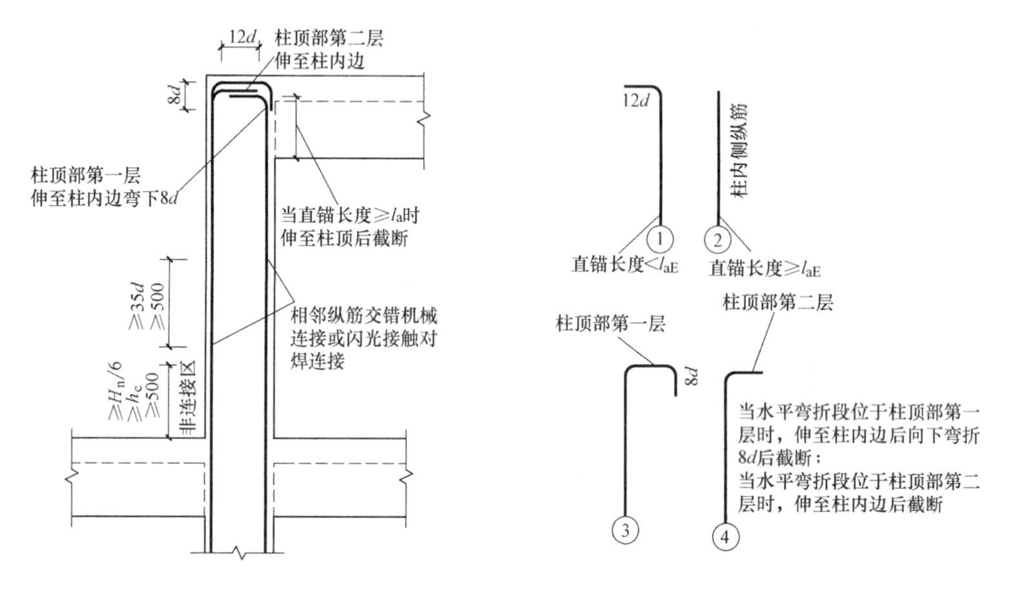

图2-13 顶层边角柱节点D构造（焊接或机械连接）

图2-14 计算简图

① ①号钢筋（柱内侧纵筋）——直锚长度$<l_{aE}$

长筋长度：

$$l=H_n-梁保护层厚度-\max(H_n/6,h_c,500)+12d \quad (2\text{-}33)$$

短筋长度：

$$l = H_n - 梁保护层厚度 - \max(H_n/6, h_c, 500) - \max(35d, 500) + 12d \qquad (2\text{-}34)$$

② ②号钢筋（柱内侧纵筋）——直锚长度$\geqslant l_{aE}$

长筋长度：

$$l = H_n - 梁保护层厚度 - \max(H_n/6, h_c, 500) \qquad (2\text{-}35)$$

短筋长度：

$$l = H_n - 梁保护层厚度 - \max(H_n/6, h_c, 500) - \max(35d, 500) \qquad (2\text{-}36)$$

③ ③号钢筋（柱顶第一层钢筋）

长筋：

$$l = H_n - 梁保护层厚度 - \max(H_n/6, h_c, 500) + 柱宽 - 2 \times 柱保护层厚度 + 8d \qquad (2\text{-}37)$$

短筋长度：

$$l = H_n - 梁保护层厚度 - \max(H_n/6, h_c, 500) - \max(35d, 500) + 柱宽 - 2 \times 柱保护层厚度 + 8d \qquad (2\text{-}38)$$

④ ④号钢筋（柱顶第二层钢筋）

长筋长度：

$$l = H_n - 梁保护层厚度 - \max(H_n/6, h_c, 500) + 柱宽 - 2 \times 柱保护层厚度 \qquad (2\text{-}39)$$

短筋长度：

$$l = H_n - 梁保护层厚度 - \max(H_n/6, h_c, 500) - \max(35d, 500) + 柱宽 - 2 \times 柱保护层厚度 \qquad (2\text{-}40)$$

2.2.5 柱纵筋变化钢筋翻样

1. 上柱钢筋比下柱钢筋多（图 2-15）

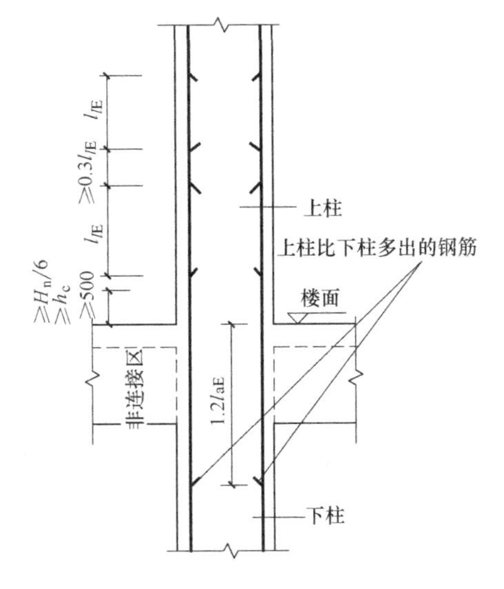

图 2-15 上柱钢筋比下柱钢筋多（绑扎搭接）

多出的钢筋需要插筋，其他钢筋同中间层。

$$短插筋=\max(H_n/6,500,h_c)+l_{lE}+1.2l_{aE} \tag{2-41}$$

$$长插筋=\max(H_n/6,500,h_c)+2.3l_{lE}+1.2l_{aE} \tag{2-42}$$

2. 下柱钢筋比上柱多（图 2-16）

下柱多出的钢筋在上层锚固，其他钢筋同中间层。

$$短插筋=下层层高-\max(H_n/6,500,h_c)-梁高+1.2l_{aE} \tag{2-43}$$

$$长插筋=下层层高-\max(H_n/6,500,h_c)-1.3l_{lE}-梁高+1.2l_{aE} \tag{2-44}$$

3. 上柱钢筋直径比下柱钢筋直径大（图 2-17）

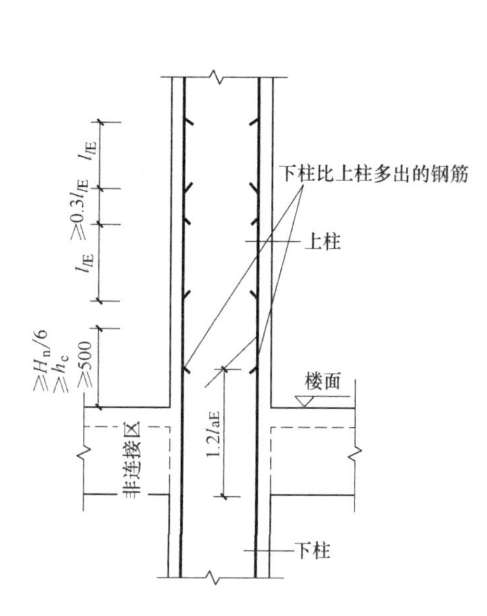

图 2-16 下柱钢筋比上柱钢筋多（绑扎搭接）

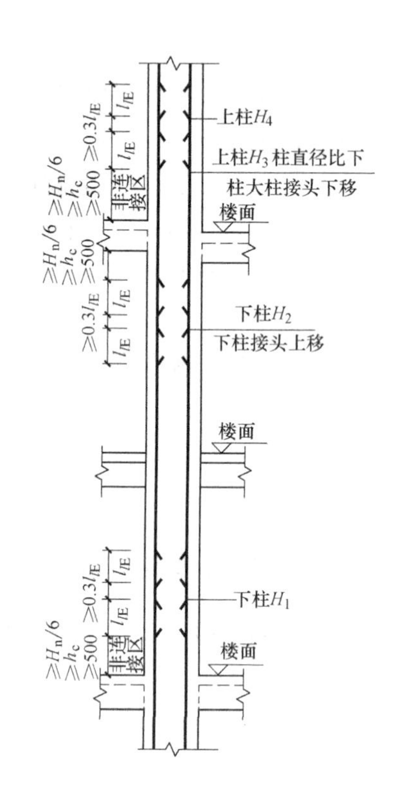

图 2-17 上柱钢筋直径比下柱钢筋直径大（绑扎搭接）

（1）绑扎搭接

$$下层柱纵筋长度=下层第一层层高-\max(H_{n1}/6,500,h_c)+下柱第二层层高-梁高-\max(H_{n2}/6,500,h_c)-1.3l_{lE} \tag{2-45}$$

$$上柱纵筋插筋长度=2.3l_{lE}+\max(H_{n2}/6,500,h_c)+\max(H_{n3}/6,500,h_c)+l_{lE} \tag{2-46}$$

$$上层柱纵筋长度=l_{lE}+\max(H_{n4}/6,500,h_c)+本层层高+梁高+\max(H_{n2}/6,500,h_c)+2.3l_{lE} \tag{2-47}$$

（2）机械连接

$$下层柱纵筋长度=下层第一层层高-\max(H_{n1}/6,500,h_c)+下柱第二层层高-梁高-\max(H_{n2}/6,500,h_c) \tag{2-48}$$

$$上柱纵筋插筋长度=\max(H_{n2}/6,500,h_c)+\max(H_{n3}/6,500,h_c)+500 \tag{2-49}$$

$$上层柱纵筋长度=\max(H_{n4}/6,500,h_c)+500+本层层高+梁高+\max(H_{n2}/6,500,h_c) \tag{2-50}$$

（3）焊接连接

$$下层柱纵筋长度=下层第一层层高-\max(H_{n1}/6,500,h_c)+下柱第二层层高-梁高-\max(H_{n2}/6,500,h_c) \tag{2-51}$$

$$上柱纵筋插筋长度=\max(H_{n2}/6,500,h_c)+\max(H_{n3}/6,500,h_c)+\max(35d,500) \tag{2-52}$$

$$上层柱纵筋长度=\max(H_{n4}/6,500,h_c)+\max(35d,500)+本层层高+梁高+\max(H_{n2}/6,500,h_c) \tag{2-53}$$

2.2.6 柱箍筋翻样

柱箍筋计算包括柱箍筋长度计算及柱箍筋根数计算两大部分内容，框架柱箍筋布置要求主要应考虑以下几个方面：

（1）沿复合箍筋周边，箍筋局部重叠不宜多于两层，并且，尽量不在两层位置的中部设置纵筋；

（2）柱箍筋的弯钩角度为135°，弯钩平直段长度为max（10d，75mm）；

（3）为使箍筋强度均衡，当拉筋设置在旁边时，可沿竖向将相邻两道箍筋按其各自平面位置交错放置；

（4）柱纵向钢筋布置尽量设置在箍筋的转角位置，两个转角位置中部最多只能设置一根纵筋。

箍筋常用的复合方式为$m\times n$肢箍形式，由外封闭箍筋、小封闭箍筋和单肢箍形式组成，箍筋长度计算即为复合箍筋总长度的计算，其各自的计算方法为：

1. 单肢箍

$m\times n$箍筋复合方式，当肢数为单数时由若干双肢箍和一根单肢箍形式组合而成，该单肢箍的构造要求为：同时勾住纵筋与外封闭箍筋。

单肢箍（拉筋）长度计算方法为：

$$长度=截面尺寸\ b\ 或\ h-柱保护层\ c\times2+2\times d_{箍筋}+2\times d_{拉筋}+2\times l_w \tag{2-54}$$

2. 双肢箍

外封闭箍筋（大双肢箍）长度计算方法为：

$$长度=(b-2\times柱保护层\ c)\times2+(h-2\times柱保护层\ c)\times2+2\times l_w \tag{2-55}$$

3. 小封闭箍筋（小双肢箍）

纵筋根数决定了箍筋的肢数，纵筋在复合箍筋框内按均匀、对称原则布置，计算小箍筋长度时应考虑纵筋的排布关系进行计算：最多每隔一根纵筋应有一根箍筋或拉筋进行拉结；箍筋的重叠不应多于两层；按柱纵筋等间距分布排列设置箍筋，如图 2-18 所示。

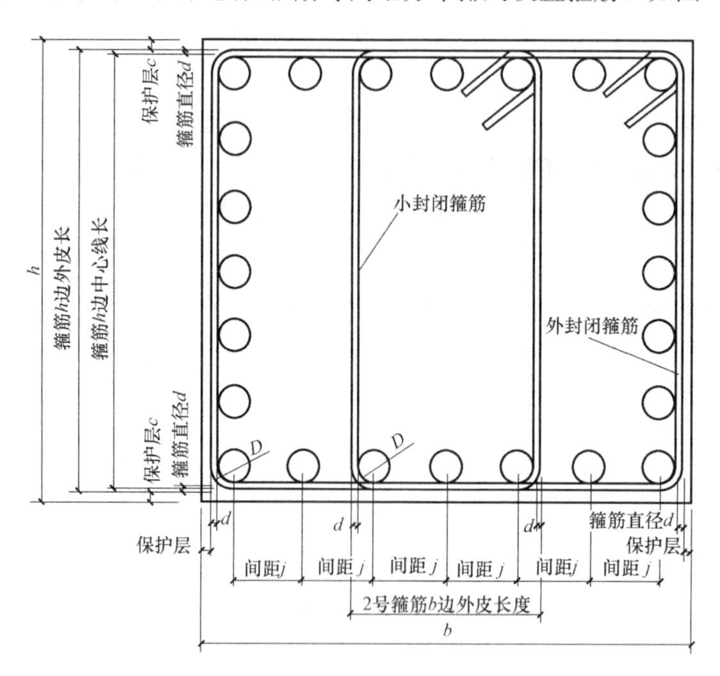

图 2-18　柱箍筋图计算示意图

小封闭箍筋（小双肢箍）长度计算方法为：

$$长度=\left[\frac{b-2\times 柱保护层\ c-d_{纵筋}}{纵筋极数-1}\times 间距个数+d_{纵筋}+2\times d_{小箍筋}\right]\times 2+(h-2\times 柱保护层)\times 2+2\times l_{w} \quad (2\text{-}56)$$

4. 箍筋弯钩长度的取值

钢筋弯折后的具体长度与原始长度不等，原因是弯折过程有钢筋损耗。计算中，箍筋长度计算是按箍筋外皮计算，则箍筋弯折 90°位置的度量长度差值不计，箍筋弯折 135°弯钩的量度差值为 1.9d。因此，箍筋的弯钩长度统一取值为 $l_{w}=\max$（11.9d，75+1.9d）。

5. 柱箍筋根数计算

柱箍筋在楼层中，按加密与非加密区分布。其计算方法为：

（1）基础插筋在基础中箍筋

$$根数=\frac{插筋竖直锚固长度-基础保护层}{500}+1 \quad (2\text{-}57)$$

由上式可知：

1）插筋竖直锚固长度取值。插筋竖直长度同柱插筋长度计算公式的分析相同，要考虑基础的高度，插筋的最小锚固长度等因素。

当基础高度<2000mm时，插筋竖直长度 h_1＝基础高度－基础保护层；

当基础高度≥2000mm时，插筋竖直长度 h_1＝0.5×基础高度

2）箍筋间距。基础插筋在基础内的箍筋设置要求为：间距≤500mm，且不少于两道外封闭箍筋。

3）箍筋根数。按书中给的公式计算出的每部分数值应取不小于计算结果的整数，且不小于2。

（2）基础相邻层或一层箍筋

$$根数=\frac{\frac{H_n}{3}-50}{加密间距}+\frac{\max\left(\frac{H_n}{6},500,h_c\right)}{加密间距}+\frac{节点梁高}{加密间距}+\left(\frac{非加密区长度}{非加密间距}\right)+\left(\frac{2.3l_{lE}}{\min(100,5d)}\right)+1 \tag{2-58}$$

由上式可知：

1）箍筋加密区范围。箍筋加密区范围：基础相邻层或首层部位 $H_n/3$ 范围，楼板下 max（$H_n/6$，500mm，h_c）范围，梁高范围。

2）箍筋非加密区长度。非加密区长度＝层高-加密区总长度，即为非加密区长度。

3）搭接长度。若钢筋的连接方式为绑扎连接，搭接接头百分率为50%时，则搭接连接范围 $2.3l_{lE}$ 内，箍筋需加密，加密间距为 min（$5d$，100mm）。

4）框架柱需全高加密情况。以下应进行框架柱全高范围内箍筋加密：按非加密区长度计算公式所得结果小于0时，该楼层内框架柱全高加密，一、二级抗震等级框架角柱的全高范围，及其他设计要求的全高加密的柱。

另外，当柱钢筋考虑搭接接头错开间距以及绑扎连接时，绑扎连接范围内箍筋应按构造要求加密的因素后，若计算出的非加密区长度不大于0时，应为柱全高应加密。

柱全高加密箍筋的根数计算方法为：

机械连接：

$$根数=\frac{层高-50}{加密间距}+1 \tag{2-59}$$

绑扎连接：

$$根数=\frac{层高-2.3l_{lE}-50}{加密间距}+\frac{2.3l_{lE}}{\min(100,5d)}+1 \tag{2-60}$$

5）箍筋根数值。按书中公式计算出的每部分数值应取不小于计算结果的整数，然后再求和。

6）拉筋根数值。框架柱中的拉筋（单肢箍）通常与封闭箍筋共同组成复合箍筋形式，其根数与封闭箍筋根数相同。

7）刚性地面箍筋根数。当框架柱底部存在刚性地面时，需计算刚性地面位置箍筋根数，计算方法为：

$$根数=\frac{刚性地面厚度+1000}{加密间距}+1 \tag{2-61}$$

8）刚性地面与首层箍筋加密区相对位置关系。刚性地面设置位置一般在首层地面位置，而首层箍筋加密区间通常是从基础梁顶面（无地下室时）或地下室板顶（有地下室时）算起，因此，刚性地面和首层箍筋加密区间的相对位置有下列三种形式：

刚性地面在首层非连接区以外时，两部分箍筋根数分别计算即可；

当刚性地面与首层非连接区全部重合时，按非连接区箍筋加密计算（通常非连接区范围大于刚性地面范围）；

当刚性地面和首层非连接区部分重合时，根据两部分重合的数值，分别确定重合部分和非重合部分的箍筋根数。

（3）中间层及顶层箍筋

$$根数=\frac{\max\left(\frac{H_n}{6},500,h_c\right)-50}{加密间距}+\frac{\max\left(\frac{H_n}{6},500,h_c\right)}{加密间距}+\frac{节点梁高-c}{加密间距}+\left(\frac{非加密区长度}{非加密间距}\right)+\left(\frac{2.3l_{lE}}{\min(100,5d)}\right)+1 \tag{2-62}$$

【例 2-1】 已知基础厚度为 1200mm，基础保护层为 40mm。1、2、3、4 号筋均为两根。试求 1 号箍筋长度。

【解】

$$\begin{aligned}1号箍筋长度&=(b-2\times保护层+d\times2)\times2+(h-2\times保护层+d\times2)\times2+1.9d\times2+\max(10d,75\text{mm})\times2\\&=(b+h)\times2-保护层\times8+8d+1.9d\times2+\max(10d,75\text{mm})\times2\\&=(750+700)\times2-25\times8+8\times10+1.9\times10\times2+\max(10\times10)\times2\\&=3018\text{mm}\end{aligned}$$

3 剪力墙钢筋翻样

3.1 剪力墙钢筋识读

3.1.1 剪力墙平法施工图表示方法

（1）剪力墙平法施工图系在剪力墙平面布置图上采用列表注写方式或截面注写方式表达。

（2）剪力墙平面布置图可采用适当比例单独绘制，也可与柱或梁平面布置图合并绘制。当剪力墙较复杂或采用截面注写方式时，应按标准层分别绘制剪力墙平面布置图。

（3）在剪力墙平法施工图中，应当用表格或其他方式注明各结构层的楼面标高、结构层高及相应的结构层号，尚应注明上部结构嵌固部位位置。

（4）对于轴线未居中的剪力墙（包括端柱），应标注其偏心定位尺寸。

3.1.2 列表注写方式

（1）为表达清楚、简便，剪力墙可视为由剪力墙柱、剪力墙身和剪力墙梁三类构件构成。

列表注写方式，系分别在剪力墙柱表、剪力墙身表和剪力墙梁表中，对应剪力墙平面布置图上的编号，用绘制截面配筋图并注写几何尺寸与配筋具体数值的方式，来表达剪力墙平法施工图。

（2）编号规定：将剪力墙按剪力墙柱、剪力墙身、剪力墙梁（简称为墙柱、墙身、墙梁）三类构件分别编号。

1）墙柱编号，由墙柱类型代号和序号组成，表达形式见表 3-1。

墙柱编号 **表 3-1**

墙柱类型	编号	序号
约束边缘构件	YBZ	××
构造边缘构件	GBZ	××
非边缘暗柱	AZ	××
扶壁柱	FBZ	××

注：约束边缘构件包括约束边缘暗柱、约束边缘端柱、约束边缘翼墙、约束边缘转角墙四种（图 3-1）。构造边缘构件包括构造边缘暗柱、构造边缘端柱、构造边缘翼墙、构造边缘转角墙四种（图 3-2）。

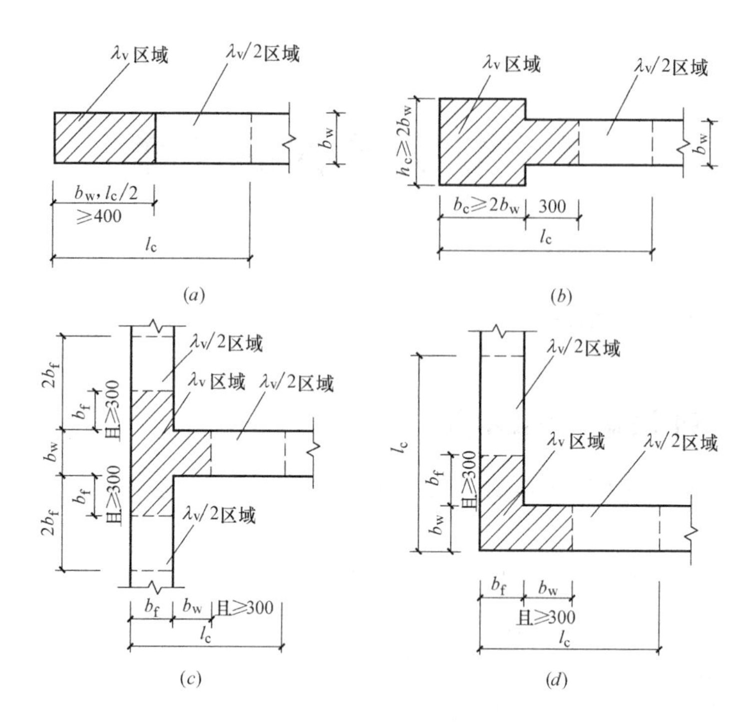

图 3-1 约束边缘构件

(a) 约束边缘暗柱；(b) 约束边缘端柱；(c) 约束边缘翼墙；(d) 约束边缘转角墙

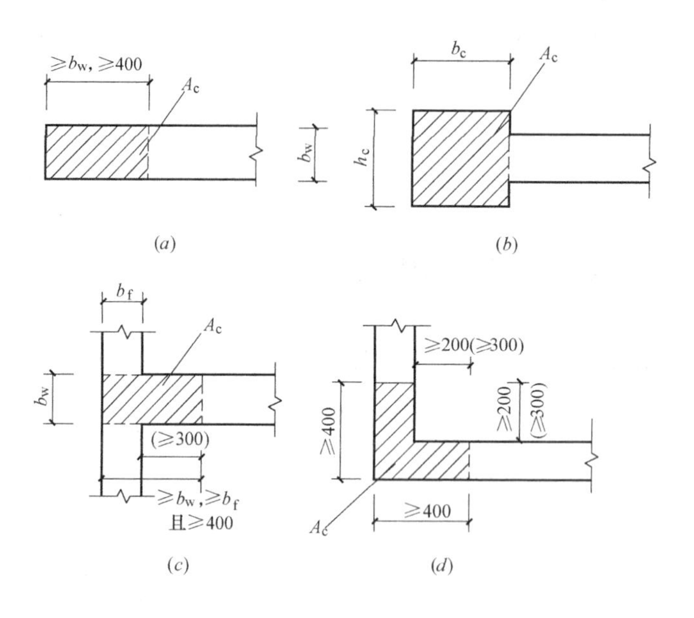

图 3-2 构造边缘构件

(a) 构造边缘暗柱；(b) 构造边缘端柱；(c) 构造边缘翼墙（括号中数值用于高层建筑）；
(d) 构造边缘转角墙（括号中数值用于高层建筑）

2）墙身编号，由墙身代号、序号以及墙身所配置的水平与竖向分布钢筋的排数组成，其中，排数注写在括号内。表达形式为：

Q××（×排）

注：1. 在编号中：如若干墙柱的截面尺寸与配筋均相同，仅截面与轴线的关系不同时，可将其编为同一墙柱号；又如若干墙身的厚度尺寸和配筋均相同，仅墙厚与轴线的关系不同或墙身长度不同时，也可将其编为同一墙身号，但应在图中注明与轴线的几何关系。

2. 当墙身所设置的水平与竖向分布钢筋的排数为2时可不注。

3. 对于分布钢筋网的排数规定：当剪力墙厚度不大于400mm时，应配置双排；当剪力墙厚度大于400mm，但不大于700mm时，宜配置三排；当剪力墙厚度大于700mm时，宜配置四排。

各排水平分布钢筋和竖向分布钢筋的直径与间距宜保持一致。

当剪力墙配置的分布钢筋多于两排时，剪力墙拉筋两端应同时勾住外排水平纵筋和竖向纵筋，还应与剪力墙内排水平纵筋和竖向纵筋绑扎在一起。

3）墙梁编号，由墙梁类型代号和序号组成，表达形式见表3-2。

墙梁编号 **表3-2**

墙梁类型	代号	序号
连梁	LL	××
连梁(对角暗撑配筋)	LL(JC)	××
连梁(交叉斜筋配筋)	LL(JX)	××
连梁(集中对角斜筋配筋)	LL(DX)	××
连梁(跨高比不小于5)	LLk	××
暗梁	AL	××
边框梁	BKL	××

注：1. 在具体工程中，当某些墙身需设置暗梁或边框梁时，宜在剪力墙平法施工图中绘制暗梁或边框梁的平面布置图并编号，以明确其具体位置。

2. 跨高比不小于5的连梁按框架梁设计时，代号为LLk。

（3）在剪力墙柱表中表达的内容，规定如下：

1）注写墙柱编号（见表3-1），绘制该墙柱的截面配筋图，标注墙柱几何尺寸。

① 约束边缘构件（见图3-1），需注明阴影部分尺寸。

注：剪力墙平面布置图中应注明约束边缘构件沿墙肢长度 l_c（约束边缘翼墙中沿墙肢长度尺寸为 $2b_f$ 时可不注）。

② 构造边缘构件（见图3-2），需注明阴影部分尺寸。

③ 扶壁柱及非边缘暗柱需标注几何尺寸。

2）注写各段墙柱的起止标高，自墙柱根部往上以变截面位置或截面未变但配筋改变处为界分段注写。墙柱根部标高系指基础顶面标高（部分框支剪力墙结构则为框支梁顶面标高）。

3）注写各段墙柱的纵向钢筋和箍筋，注写值应与在表中绘制的截面配筋图对应一致。纵向钢筋注写总配筋值；墙柱箍筋的注写方式与柱箍筋相同。

设计施工时应注意：

a. 在剪力墙平面布置图中需注写约束边缘构件非阴影区内布置的拉筋或箍筋直径，与阴影区箍筋直径相同时，可不注。

b. 当约束边缘构件体积配箍率计算中计入墙身水平分布钢筋时，设计者应注明。施工时，墙身水平分布钢筋应注意采用相应的构造做法。

c. 本书约束边缘构件非阴影区拉筋是沿剪力墙竖向分布钢筋逐根设置。施工时应注意，非阴影区外圈设置箍筋时，箍筋应包住阴影区内第二列竖向纵筋。当设计采用与本构件详图不同的做法时，应另行注明。

d. 当非底部加强部位构造边缘构件不设置外圈封闭箍筋时，设计者应注明。施工时，墙身水平分布钢筋应注意采用相应的构造做法。

（4）在剪力墙身表中表达的内容，规定如下：

1）注写墙身编号（含水平与竖向分布钢筋的排数）。

2）注写各段墙身起止标高，自墙身根部往上以变截面位置或截面未变但配筋改变处为界分段注写。墙身根部标高系指基础顶面标高（部分框支剪力墙结构则为框支梁顶面标高）。

3）注写水平分布钢筋、竖向分布钢筋和拉筋的具体数值。注写数值为一排水平分布钢筋和竖向分布钢筋的规格与间距，具体设置几排已经在墙身编号后面表达。

拉筋应注明布置方式“矩形”或“梅花”布置，用于剪力墙分布钢筋的拉结，见图3-3（图中 a 为竖向分布钢筋间距，b 为水平分布钢筋间距）。

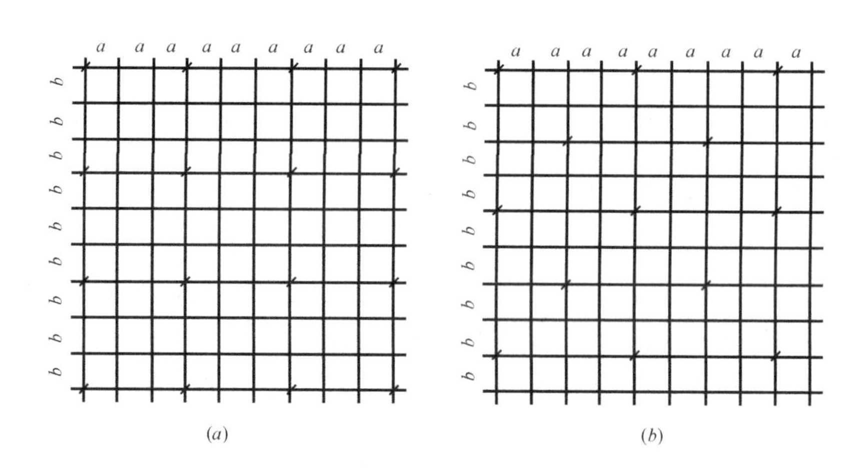

图 3-3 拉结筋设置示意

（a）拉结筋@3a3b 矩形（a≤200mm、b≤200mm）；（b）拉结筋@4a4b 梅花（a≤150mm、b≤150mm）

（5）在剪力墙梁表中表达的内容，规定如下：

1）注写墙梁编号。

2）注写墙梁所在楼层号。

3）注写墙梁顶面标高高差，系指相对于墙梁所在结构层楼面标高的高差值，高于者为正值，低于者为负值，当无高差时不注。

4）注写墙梁截面尺寸 $b\times h$，上部纵筋，下部纵筋和箍筋的具体数值。

5）当连梁设有对角暗撑时［代号为 LL（JC）××］，注写暗撑的截面尺寸（箍筋外皮尺寸）；注写一根暗撑的全部纵筋，并标注×2 表明有两根暗撑相互交叉；注写暗撑箍筋的具体数值。

6）当连梁设有交叉斜筋时［代号为 LL（JX）××］，注写连梁一侧对角斜筋的配筋值，并标注×2 表明对称设置；注写对角斜筋在连梁端部设置的拉筋根数、强度级别及直径，并标注×4 表示四个角都设置；注写连梁一侧折线筋配筋值，并标注×2 表明对称设置。

7）当连梁设有集中对角斜筋时［代号为 LL（DX）××］，注写一条对角线上的对角斜筋，并标注×2 表明对称设置。

8）跨高比不小于 5 的连梁，按框架梁设计时（代号为 LLk××），采用平面注写方式，注写规则同框架梁，可采用适当比例单独绘制，也可与剪力墙平法施工图合并绘制。

墙梁侧面纵筋的配置，当墙身水平分布钢筋满足连梁、暗梁及边框梁的梁侧面纵向构造钢筋的要求时，该筋配置同墙身水平分布钢筋，表中不注，施工按标准构造详图的要求即可。当墙身水平分布钢筋不满足连梁、暗梁及边框梁的梁侧面纵向构造钢筋的要求时，应在表中补充注明梁侧面纵筋的具体数值；当为 LLk 时，平面注写方式以大写字母“N”打头。梁侧面纵向钢筋在支座内锚固要求同连梁中受力钢筋。

（6）采用列表注写方式分别表达剪力墙墙梁、墙身和墙柱的平法施工图示例，如图 3-4 所示。

3.1.3 截面注写方式

（1）截面注写方式，系在分标准层绘制的剪力墙平面布置图上，以直接在墙柱、墙身、墙梁上注写截面尺寸和配筋具体数值的方式来表达剪力墙平法施工图。

（2）选用适当比例原位放大绘制剪力墙平面布置图，其中对墙柱绘制配筋截面图；对所有墙柱、墙身、墙梁进行编号，并分别在相同编号的墙柱、墙身、墙梁中选择一根墙柱、一道墙身、一根墙梁进行注写，其注写方式按以下规定进行：

1）从相同编号的墙柱中选择一个截面，注明几何尺寸，标注全部纵筋及箍筋的具体数值。

注：约束边缘构件（见图 3-1）除需注明阴影部分具体尺寸外，尚需注明约束边缘构件沿墙肢长度 l_c，约束边缘翼墙中沿墙肢长度尺寸为 $2b_f$ 时可不注。

2）从相同编号的墙身中选择一道墙身，按顺序引注的内容为：墙身编号（应包括注写在括号内墙身所配置的水平与竖向分布钢筋的排数）、墙厚尺寸，水平分布钢筋、竖向分布钢筋和拉筋的具体数值。

3）从相同编号的墙梁中选择一根墙梁，按顺序引注的内容为：

① 注写墙梁编号、墙梁截面尺寸 $b\times h$、墙梁箍筋、上部纵筋、下部纵筋和墙梁顶面标高高差的具体数值。

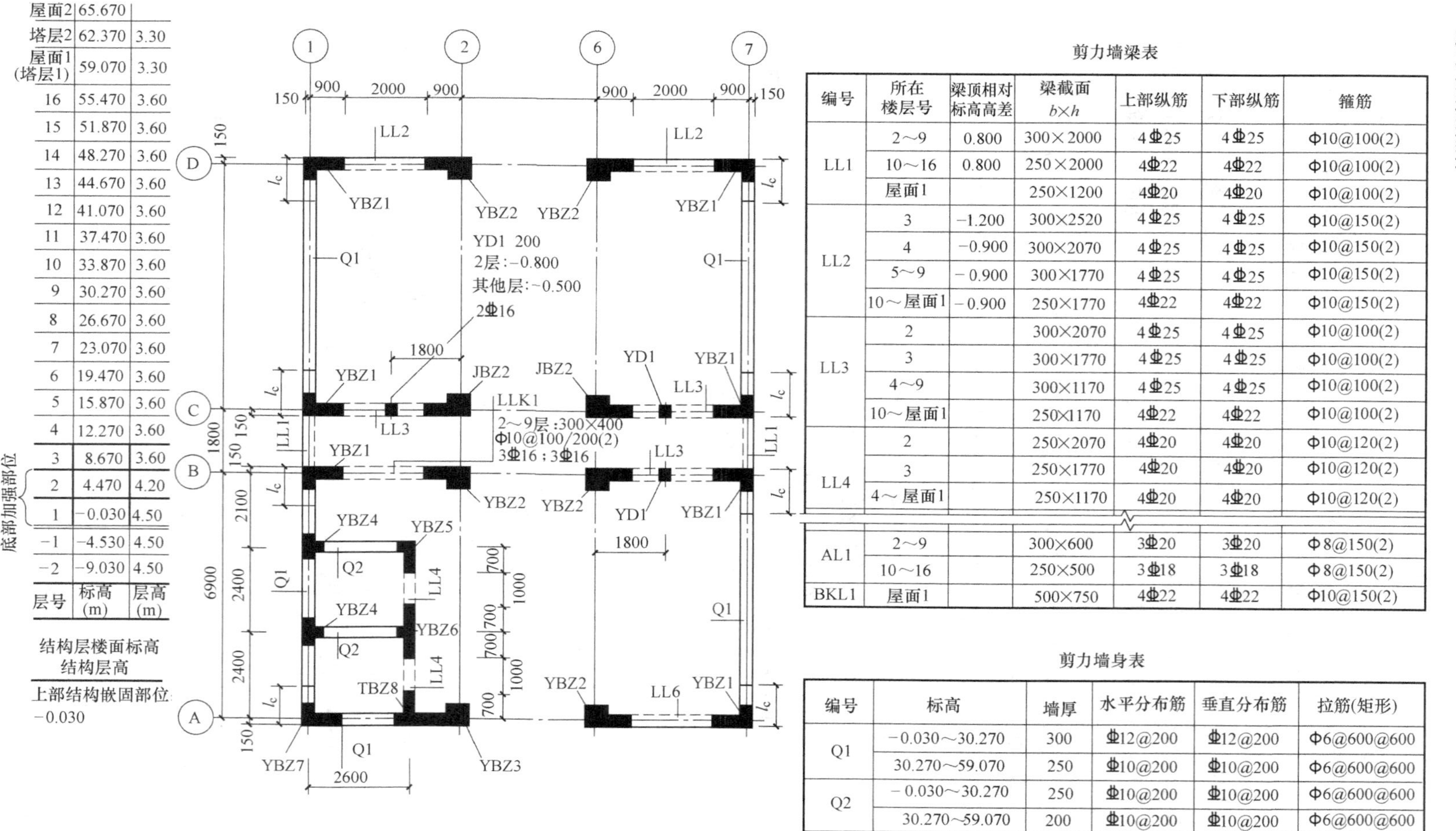

剪力墙梁表

编号	所在楼层号	梁顶相对标高高差	梁截面 $b\times h$	上部纵筋	下部纵筋	箍筋
LL1	2~9	0.800	300×2000	4Φ25	4Φ25	Φ10@100(2)
	10~16	0.800	250×2000	4Φ22	4Φ22	Φ10@100(2)
	屋面1		250×1200	4Φ20	4Φ20	Φ10@100(2)
LL2	3	-1.200	300×2520	4Φ25	4Φ25	Φ10@150(2)
	4	-0.900	300×2070	4Φ25	4Φ25	Φ10@150(2)
	5~9	-0.900	300×1770	4Φ25	4Φ25	Φ10@150(2)
	10~屋面1	-0.900	250×1770	4Φ22	4Φ22	Φ10@150(2)
LL3	2		300×2070	4Φ25	4Φ25	Φ10@100(2)
	3		300×1770	4Φ25	4Φ25	Φ10@100(2)
	4~9		300×1170	4Φ25	4Φ25	Φ10@100(2)
	10~屋面1		250×1170	4Φ22	4Φ22	Φ10@100(2)
LL4	2		250×2070	4Φ20	4Φ20	Φ10@120(2)
	3		250×1770	4Φ20	4Φ20	Φ10@120(2)
	4~屋面1		250×1170	4Φ20	4Φ20	Φ10@120(2)
AL1	2~9		300×600	3Φ20	3Φ20	Φ8@150(2)
	10~16		250×500	3Φ18	3Φ18	Φ8@150(2)
BKL1	屋面1		500×750	4Φ22	4Φ22	Φ10@150(2)

剪力墙身表

编号	标高	墙厚	水平分布筋	垂直分布筋	拉筋(矩形)
Q1	-0.030~30.270	300	Φ12@200	Φ12@200	Φ6@600@600
	30.270~59.070	250	Φ10@200	Φ10@200	Φ6@600@600
Q2	-0.030~30.270	250	Φ10@200	Φ10@200	Φ6@600@600
	30.270~59.070	200	Φ10@200	Φ10@200	Φ6@600@600

图 3-4 剪力墙平法施工图列表注写方式示例（一）

剪力墙柱表

屋面2	65.670	
塔层2	62.370	3.30
屋面1 (塔层1)	59.070	3.30
16	55.470	3.60
15	51.870	3.60
14	48.270	3.60
13	44.670	3.60
12	41.070	3.60
11	37.470	3.60
10	33.870	3.60
9	30.270	3.60
8	26.670	3.60
7	23.070	3.60
6	19.470	3.60
5	15.870	3.60
4	12.270	3.60
3	8.670	3.60
2	4.470	4.20
1	-0.030	4.50
-1	-4.530	4.50
-2	-9.030	4.50
层号	标高(m)	层高(m)

底部加强部位

结构层楼面标高
结构层高

上部结构嵌固部位:
-0.030

截面	1050; 300; 300; 300	1200; 300; 600; 600	900; 300; 600; 600	300; 250; 300; 300; 300
编号	YBZ1	YBZ2	YBZ3	YBZ4
标高	-0.030~12.270	-0.030~12.270	-0.030~12.270	-0.030~12.270
纵筋	24Φ20	22Φ20	18Φ22	20Φ20
箍筋	Φ10@100	Φ10@100	Φ10@100	Φ10@100

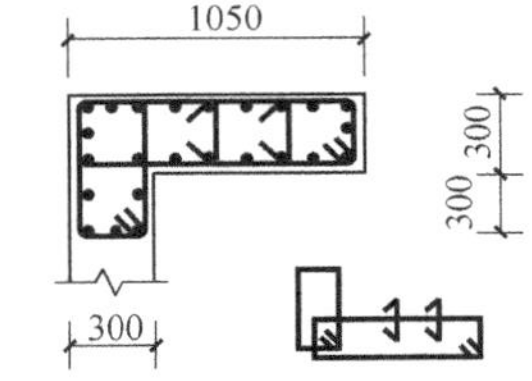

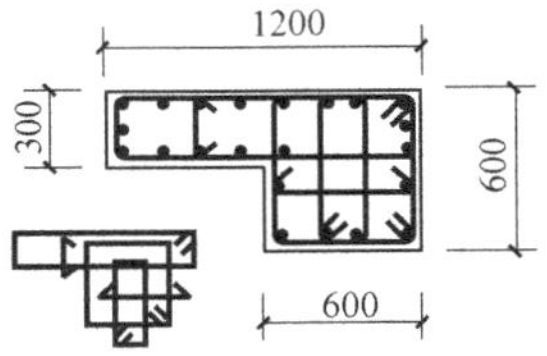

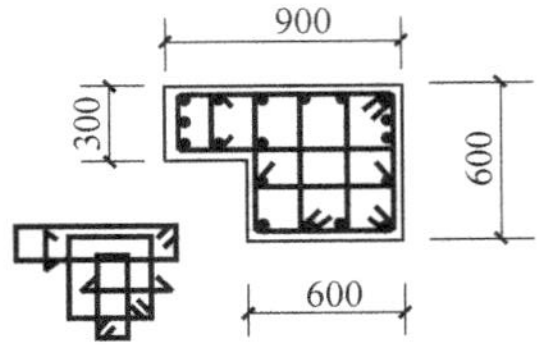

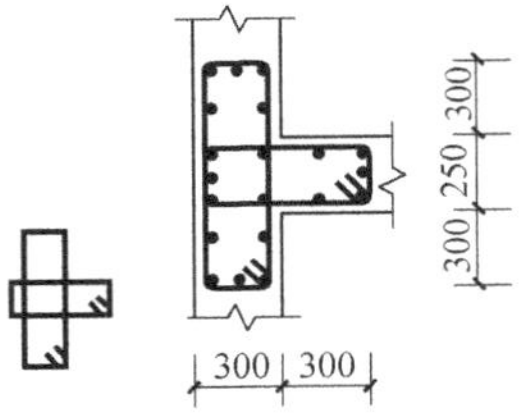

截面	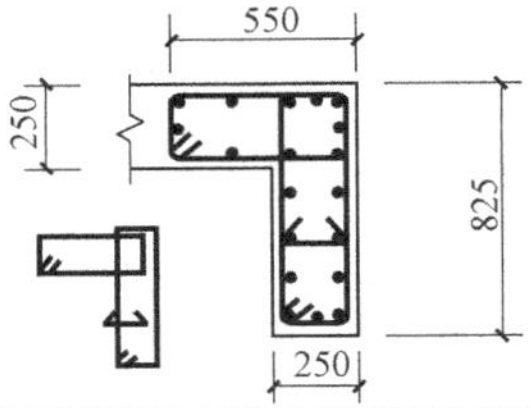 550; 250; 825; 250	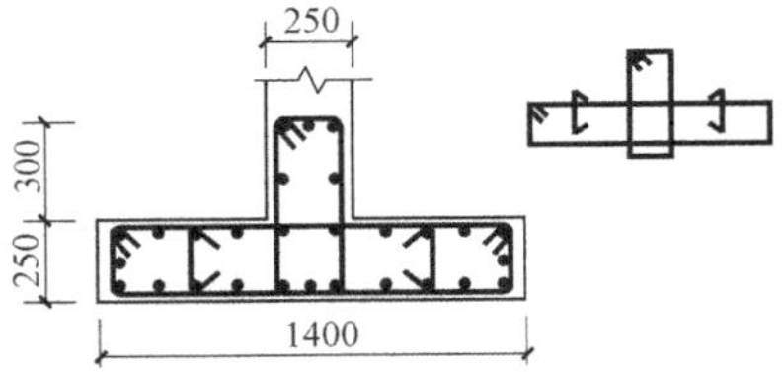 250; 300; 250; 1400	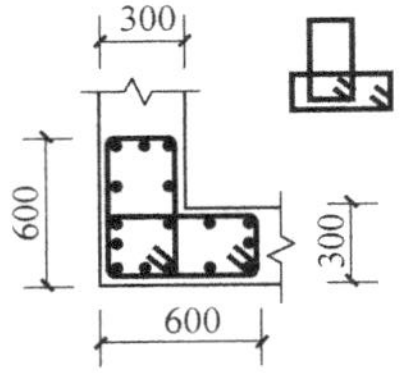 300; 600; 300; 600
编号	YBZ5	YBZ6	YBZ7
标高	-0.030~12.270	-0.030~12.270	-0.030~12.270
纵筋	20Φ20	28Φ20	16Φ20
箍筋	Φ10@100	Φ10@100	Φ10@100

图 3-4 剪力墙平法施工图列表注写方式示例（二）

注：1. 可在“结构层楼面标高、结构层高表”中增加混凝土强度等级等栏目。

2. 图中 l_c 为约束边缘构件沿墙肢的伸出长度（实际工程中应注明具体值）。

② 当连梁设有对角暗撑时［代号为LL（JC）××］，注写暗撑的截面尺寸（箍筋外皮尺寸）；注写一根暗撑的全部纵筋，并标注×2表明有两根暗撑相互交叉；注写暗撑箍筋的具体数值。

③ 当连梁设有交叉斜筋时［代号为LL（JX）××］，注写连梁一侧对角斜筋的配筋值，并标注×2表明对称设置；注写对角斜筋在连梁端部设置的拉筋根数、规格及直径，并标注×4表示四个角都设置；注写连梁一侧折线筋配筋值，并标注×2表明对称设置。

④ 当连梁设有集中对角斜筋时［代号为LL（DX）××］，注写一条对角线上的对角斜筋，并标注×2表明对称设置。

⑤ 跨高比不小于5的连梁，按框架梁设计时（代号为LLk××），采用平面注写方式，注写规则同框架梁，可采用适当比例单独绘制，也可与剪力墙平法施工图合并绘制。

当墙身水平分布钢筋不能满足连梁、暗梁及边框梁的梁侧面纵向构造钢筋的要求时，应补充注明梁侧面纵筋的具体数值；注写时，以大写字母N打头，接续注写直径与间距。其在支座内的锚固要求同连梁中受力钢筋。

（3）采用截面注写方式表达的剪力墙平法施工图示例见图3-5。

3.1.4 剪力墙洞口的表示方法

（1）无论采用列表注写方式还是截面注写方式，剪力墙上的洞口均可在剪力墙平面布置图上原位表达。

（2）洞口的具体表示方法：

1）在剪力墙平面布置图上绘制洞口示意，并标注洞口中心的平面定位尺寸。

2）在洞口中心位置引注四项内容，具体规定如下：

① 洞口编号：矩形洞口为JD××（××为序号），圆形洞口为YD××（××为序号）。

② 洞口几何尺寸：矩形洞口为洞宽×洞高（$b \times h$），圆形洞口为洞口直径口。

③ 洞口中心相对标高，系相对于结构层楼（地）面标高的洞口中心高度。当其高于结构层楼面时为正值，低于结构层楼面时为负值。

④ 洞口每边补强钢筋，分以下几种不同情况：

a. 当矩形洞口的洞宽、洞高均不大于800mm时，此项注写为洞口每边补强钢筋的具体数值。当洞宽、洞高方向补强钢筋不一致时，分别注写洞宽方向、洞高方向补强钢筋，以“/”分隔。

b. 当矩形或圆形洞口的洞宽或直径大于800mm时，在洞口的上、下需设置补强暗梁，此项注写为洞口上、下每边暗梁的纵筋与箍筋的具体数值（在标准构造详图中，补强暗梁梁高一律定为400mm，施工时按标准构造详图取值，设计不注。当设计者采用与该构造详图不同的做法时，应另行注明），圆形洞口时尚需注明环向加强钢筋的具体数值；当洞口上、下边为剪力墙连梁时，此项免注；洞口竖向两侧设置边缘构件时，亦不在此项表达（当洞口两侧不设置边缘构件时，设计者应给出具体做法）。

层号	标高(m)	层高(m)
屋面2	65.670	
塔层2	62.370	3.30
屋面1(塔层1)	59.070	3.30
16	55.470	3.60
15	51.870	3.60
14	48.270	3.60
13	44.670	3.60
12	41.070	3.60
11	37.470	3.60
10	33.870	3.60
9	30.270	3.60
8	26.670	3.60
7	23.070	3.60
6	19.470	3.60
5	15.870	3.60
4	12.270	3.60
3	8.670	3.60
2	4.470	4.20
1	-0.030	4.50
-1	-4.530	4.50
-2	-9.030	4.50

底部加强部位

结构层楼面标高
结 构 层 高

上部结构嵌固部位:
-0.030

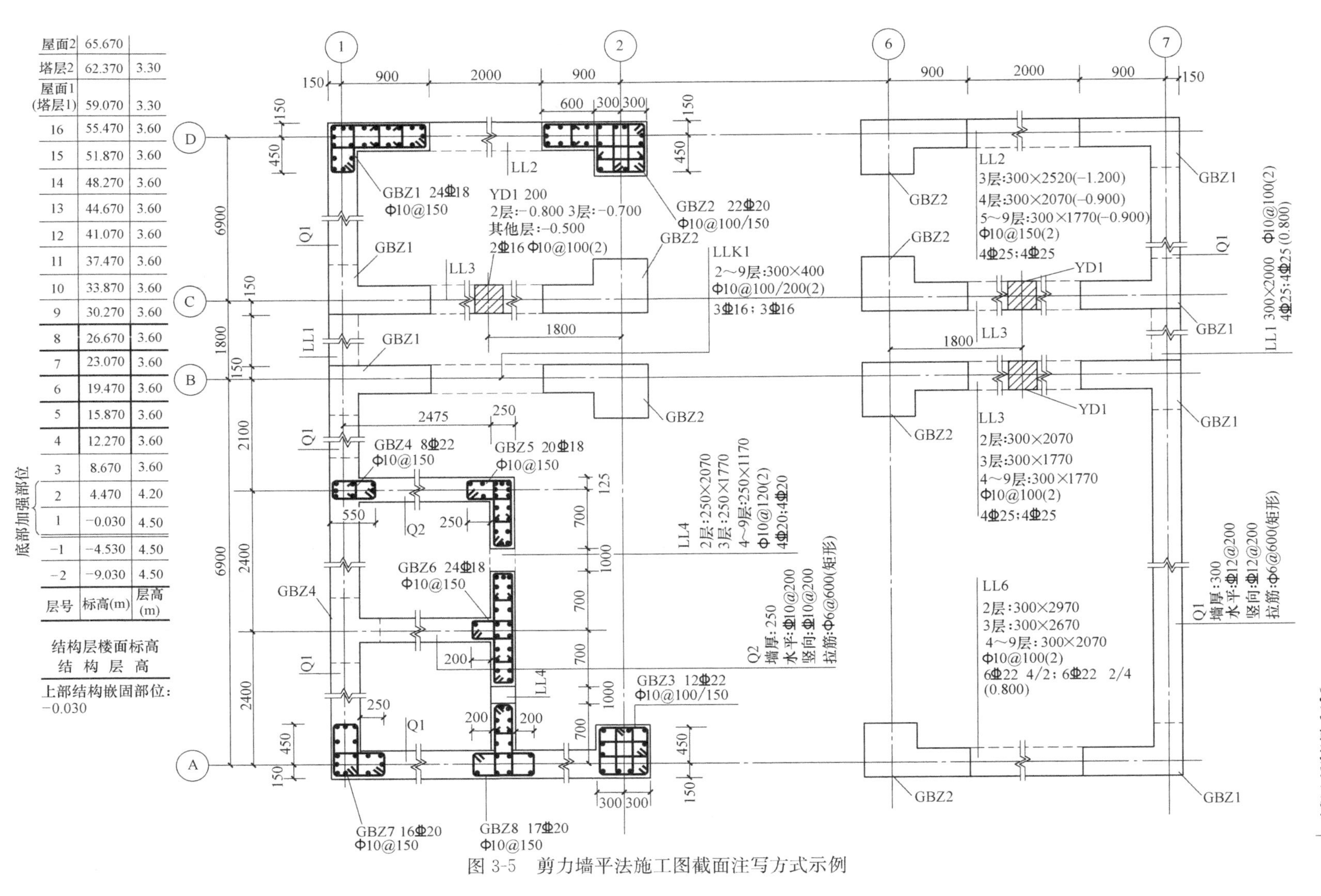

图 3-5 剪力墙平法施工图截面注写方式示例

c. 当圆形洞口设置在连梁中部 1/3 范围（且圆洞直径不应大于 1/3 梁高）时，需注写在圆洞上下水平设置的每边补强纵筋与箍筋。

d. 当圆形洞口设置在墙身或暗梁、边框梁位置，且洞口直径不大于 300mm 时，此项注写为洞口上下左右每边布置的补强纵筋的具体数值。

e. 当圆形洞口直径大于 300mm，但不大于 800mm 时，此项注写为洞口上下左右每边布置的补强纵筋的具体数值，以及环向加强钢筋的具体数值。

3.1.5 地下室外墙的表示方法

（1）本节地下室外墙仅适用于起挡土作用的地下室外围护墙。地下室外墙中墙柱、连梁及洞口等的表示方法同地上剪力墙。

（2）地下室外墙编号，由墙身代号序号组成。表达为：DWQ××

（3）地下室外墙平面注写方式，包括集中标注墙体编号、厚度、贯通筋、拉筋等和原位标注附加非贯通筋等两部分内容。当仅设置贯通筋，未设置附加非贯通筋时，则仅做集中标注。

（4）地下室外墙的集中标注，规定如下：

1）注写地下室外墙编号，包括代号、序号、墙身长度（注为××～××轴）。

2）注写地下室外墙厚度 b_w=××。

3）注写地下室外墙的外侧、内侧贯通筋和拉筋。

① 以 OS 代表外墙外侧贯通筋。其中，外侧水平贯通筋以 H 打头注写，外侧竖向贯通筋以 V 打头注写。

② 以 IS 代表外墙内侧贯通筋。其中，内侧水平贯通筋以 H 打头注写，内侧竖向贯通筋以 V 打头注写。

③ 以 tb 打头注写拉结筋直径、强度等级及间距，并注明“矩形”或“梅花”。

（5）地下室外墙的原位标注，主要表示在外墙外侧配置的水平非贯通筋或竖向非贯通筋。

当配置水平非贯通筋时，在地下室墙体平面图上原位标注。在地下室外墙外侧绘制粗实线段代表水平非贯通筋，在其上注写钢筋编号并以 H 打头注写钢筋强度等级、直径、分布间距，以及自支座中线向两边跨内的伸出长度值。当自支座中线向两侧对称伸出时，可仅在单侧标注跨内伸出长度，另一侧不注，此种情况下非贯通筋总长度为标注长度的 2 倍。边支座处非贯通钢筋的伸出长度值从支座外边缘算起。

地下室外墙外侧非贯通筋通常采用“隔一布一”方式与集中标注的贯通筋间隔布置，其标注间距应与贯通筋相同，两者组合后的实际分布间距为各自标注间距的 1/2。

当在地下室外墙外侧底部、顶部、中层楼板位置配置竖向非贯通筋时，应补充绘制地下室外墙竖向剖面图并在其上原位标注。表示方法为在地下室外墙竖向剖面图外侧绘制粗实线段代表竖向非贯通筋，在其上注写钢筋编号并以 V 打头注写钢筋强度等级、直径、分布间距，以及向上（下）层的伸出长度值，并在外墙竖向剖面图名下注明分布范围（××～××轴）。

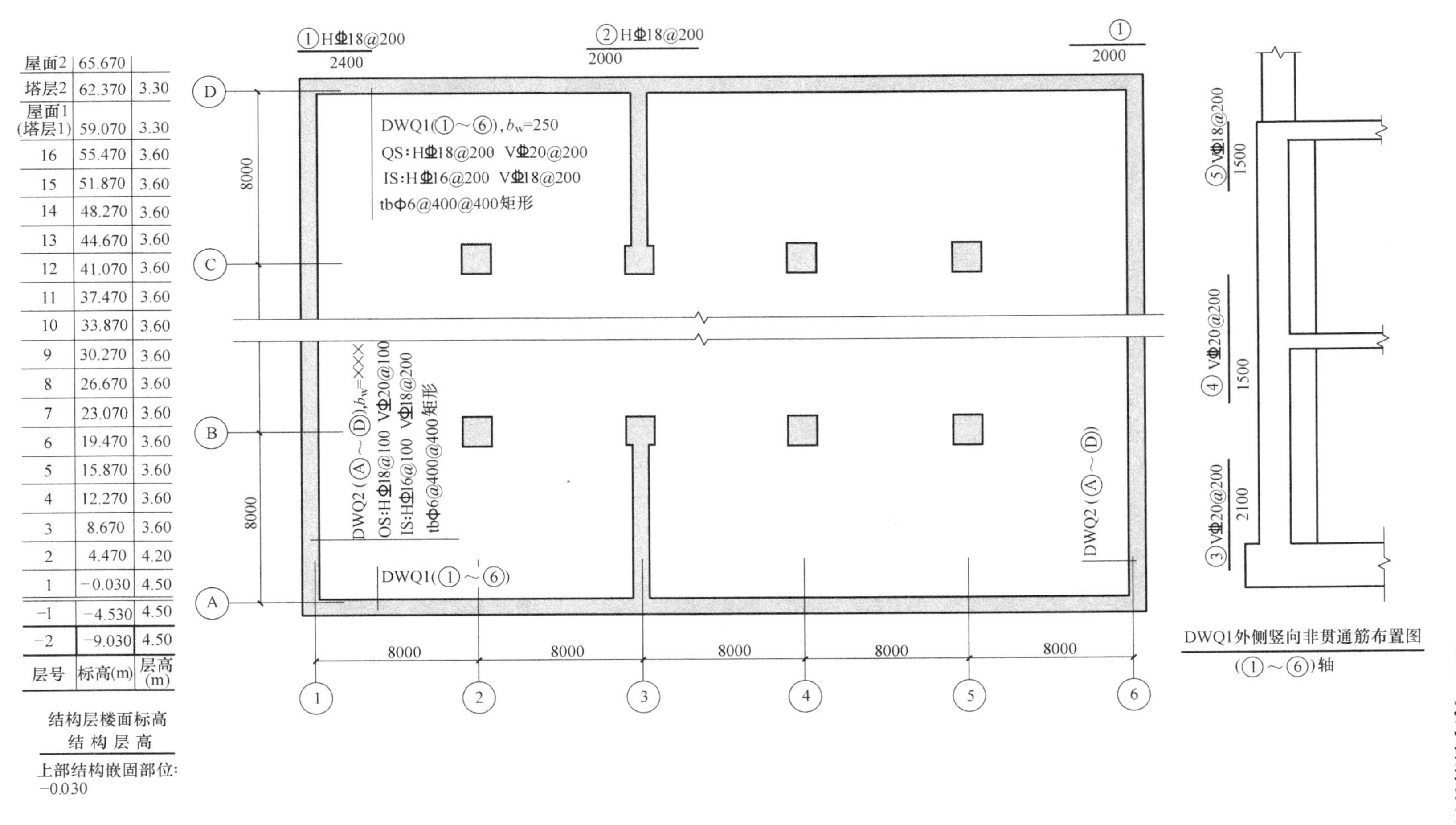

层号	标高(m)	层高(m)
屋面2	65.670	
塔层2	62.370	3.30
屋面1(塔层1)	59.070	3.30
16	55.470	3.60
15	51.870	3.60
14	48.270	3.60
13	44.670	3.60
12	41.070	3.60
11	37.470	3.60
10	33.870	3.60
9	30.270	3.60
8	26.670	3.60
7	23.070	3.60
6	19.470	3.60
5	15.870	3.60
4	12.270	3.60
3	8.670	3.60
2	4.470	4.20
1	-0.030	4.50
-1	-4.530	4.50
-2	-9.030	4.50

结构层楼面标高
结构层高
上部结构嵌固部位:
-0.030

图 3-6 地下室外墙平法施工图平面注写示例

注：竖向非贯通筋向层内的伸出长度值注写方式：

1. 地下室外墙底部非贯通钢筋向层内的伸出长度值从基础底板顶面算起。

2. 地下室外墙顶部非贯通钢筋向层内的伸出长度值从顶板底面算起。

3. 中层楼板处非贯通钢筋向层内的伸出长度值从板中间算起，当上下两侧伸出长度值相同时可仅注写一侧。

地下室外墙外侧水平、竖向非贯通筋配置相同者，可仅选择一处注写，其他可仅注写编号。

当在地下室外墙顶部设置水平通长加强钢筋时应注明。

设计时应注意：

1）设计者应按具体情况判定扶壁柱或内墙是否作为墙身水平方向支座，以选择合理的配筋方式。

2）在“顶板作为外墙的简支支承”、“顶板作为外墙的弹性嵌固支承（墙外侧竖向钢筋与板上部纵向受力钢筋搭接连接）”两种做法中，设计者应在施工中指定选用何种做法。

采用平面注写方式表达的地下室剪力墙平法施工图示例如图 3-6 所示。

3.2 剪力墙钢筋翻样方法与技巧

3.2.1 剪力墙身钢筋翻样

1. 基础剪力墙身钢筋计算

剪力墙墙身竖向分布钢筋在基础中共有三种构造，如图 3-7 所示。

（1）插筋翻样

$$\text{短剪力墙身插筋长度}=\text{锚固长度}+\text{搭接长度}1.2l_{aE} \tag{3-1}$$

$$\text{长剪力墙身插筋长度}=\text{锚固长度}+\text{搭接长度}1.2l_{aE}+500+\text{搭接长度}1.2l_{aE} \tag{3-2}$$

$$\text{插筋总根数}=\left[\frac{\text{剪力墙身净长}-2\times\text{插筋间距}}{\text{插筋间距}}+1\right]\times\text{排数} \tag{3-3}$$

（2）基础层剪力墙身水平筋翻样

剪力墙身水平钢筋包括水平分布筋、拉筋形式。

剪力墙水平分布筋有外侧钢筋和内侧钢筋两种形式，当剪力墙有两排以上钢筋网时，最外一层按外侧钢筋计算，其余则均按内侧钢筋计算。

1）水平分布筋翻样

$$\text{外侧水平筋长度}=\text{墙外侧长度}-2\times\text{保护层}+15d\times n \tag{3-4}$$

$$\text{内侧水平筋长度}=\text{墙外侧长度}-2\times\text{保护层}+15d\times2-\text{外侧钢筋直径}\times2-25\times2 \tag{3-5}$$

$$\text{基本层水平筋根数}=\left[\frac{\text{基础高度}-\text{基础保护层}}{500}+1\right]\times\text{排数} \tag{3-6}$$

2）拉筋翻样

$$\text{基础层拉筋根数}=\left[\frac{\text{墙净长}-\text{竖向插筋间距}\times2}{\text{拉筋间距}}+1\right]\times\text{基础水平筋排数} \tag{3-7}$$

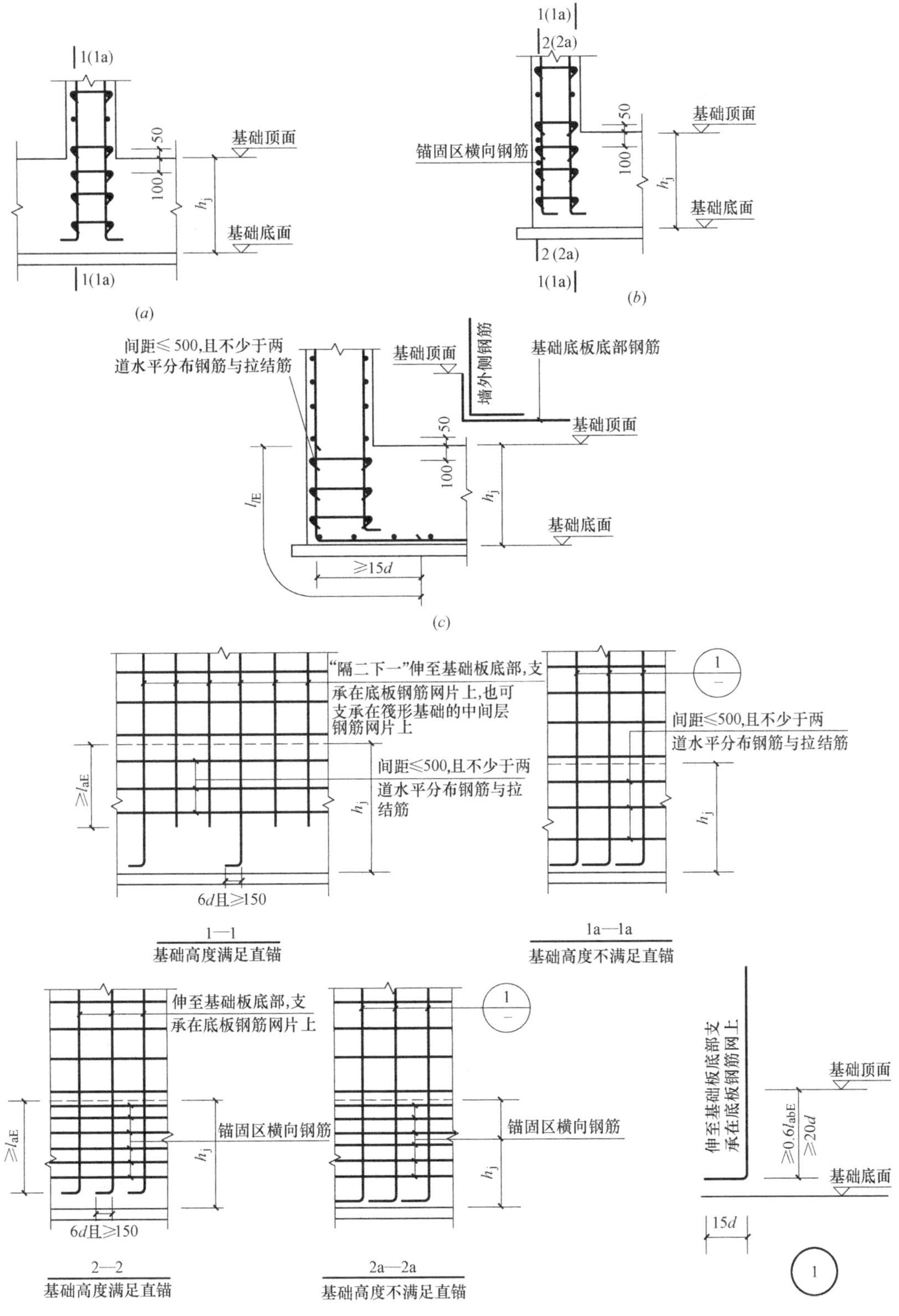

图 3-7 剪力墙墙身竖向分布钢筋在基础中构造

(*a*) 保护层厚度>5*d*；(*b*) 保护层厚度≤5*d*；(*c*) 搭接连接

2. 中间层剪力墙身钢筋翻样

中间层剪力墙身钢筋量有竖向分布筋与水平分布筋。

（1）竖向分布筋翻样

$$长度=中间层层高+1.2l_{aE} \tag{3-8}$$

$$根数=\left(\frac{剪力墙身长-2\times竖向分布筋间距}{竖向分布筋间距}+1\right)\times排数 \tag{3-9}$$

（2）水平分布筋翻样

水平分布筋翻样，无洞口时计算方法与基础层相同；有洞口时水平分布筋翻样方法为：

$$外侧水平筋长度=外侧墙长度(减洞口长度后)-2\times保护层+15d\times2+15d\times n \tag{3-10}$$

$$内侧水平筋长度=外侧墙长度(减洞口长度后)-2\times保护层+15d\times2+15d\times2 \tag{3-11}$$

$$水平筋根数=\left(\frac{布筋范围-50}{墙身水平筋间距}+1\right)\times排数 \tag{3-12}$$

3. 顶层剪力墙钢筋翻样

顶层剪力墙身钢筋量有竖向分布筋与水平分布筋。

（1）水平钢筋方法翻样同中间层。

（2）顶层剪力墙身竖向钢筋翻样方法

$$长钢筋长度=顶层层高-顶层板厚+锚固长度\ l_{aE} \tag{3-13}$$

$$短钢筋长度=顶层层高-顶层板厚-1.2l_{aE}-500+锚固长度\ l_{aE} \tag{3-14}$$

$$根数=\left[\frac{剪力墙净长-竖向分布筋间距\times2}{竖向分布筋间距}+1\right]\times排数 \tag{3-15}$$

4. 剪力墙身变截面处钢筋翻样方法

剪力墙变截面处钢筋的锚固包括两种形式：倾斜锚固及当前锚固与插筋组合。根据剪力墙变截面钢筋的构造措施，可知剪力墙纵筋的计算方法。剪力墙变截面竖向钢筋构造如图 3-8 所示。

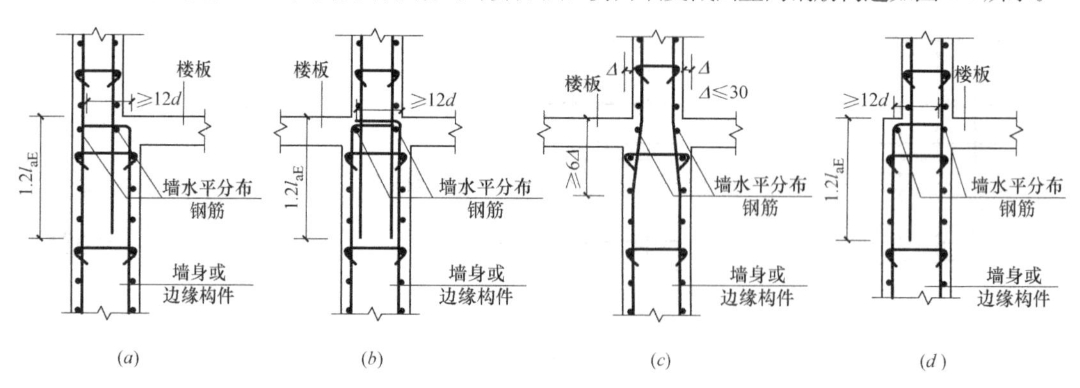

图 3-8 剪力墙变截面竖向钢筋构造

(*a*) 边梁非贯通连接；(*b*) 中梁非贯通连接；(*c*) 中梁贯通连接；(*d*) 边梁非贯通连接

变截面处倾斜锚入上层的纵筋翻样方法：

$$变截面倾斜纵筋长度=层高+斜度延伸值+搭接长度1.2l_{aE} \quad (3\text{-}16)$$

变截面处倾斜锚入上层的纵筋长度计算方法：

$$当前锚固纵筋长度=层高-板保护层+墙厚-2\times墙保护层 \quad (3\text{-}17)$$

$$插筋长度=锚固长度1.5l_{aE}+搭接长度1.2l_{aE} \quad (3\text{-}18)$$

5. 剪力墙拉筋翻样

$$根数=\frac{剪力墙总面积-洞口面积-边框梁面积}{横向间距\times竖向间距} \quad (3\text{-}19)$$

3.2.2 剪力墙柱钢筋翻样

1. 基础层插筋翻样

墙柱基础插筋如图 3-9、图 3-10 所示，翻样方法为：

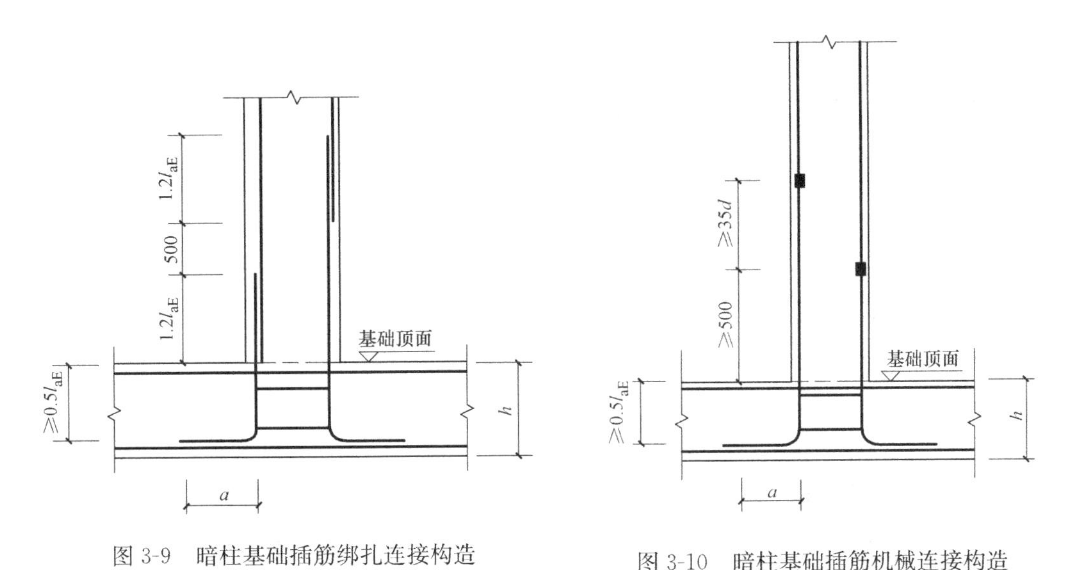

图 3-9 暗柱基础插筋绑扎连接构造

图 3-10 暗柱基础插筋机械连接构造

$$插筋长度=插筋锚固长度+基础外露长度 \quad (3\text{-}20)$$

2. 中间层纵筋翻样

中间层纵筋如图 3-11、图 3-12 所示，翻样方法为：

绑扎连接时：

$$纵筋长度=中间层层高+1.2l_{aE} \quad (3\text{-}21)$$

机械连接时：

$$纵筋长度=中间层层高 \quad (3\text{-}22)$$

3. 顶层纵筋计算

顶层纵筋如图 3-13、图 3-14 所示，翻样方法为：

绑扎连接时：

与短筋连接的钢筋长度=顶层层高−顶层板厚+顶层锚固总长度 l_{aE} (3-23)

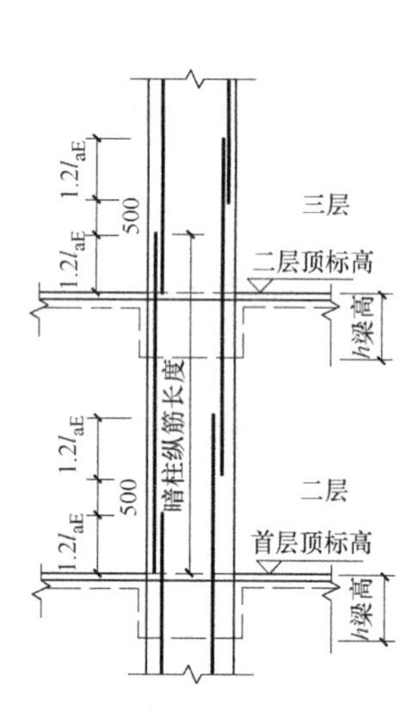

图 3-11 暗柱中间层钢筋绑扎连接构造图

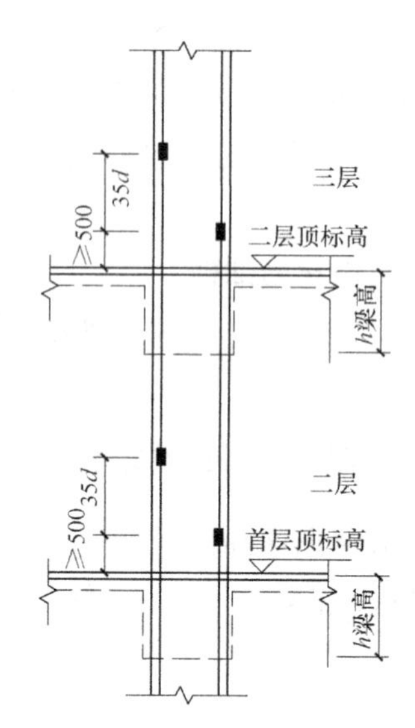

图 3-12 暗柱中间层机械连接构造

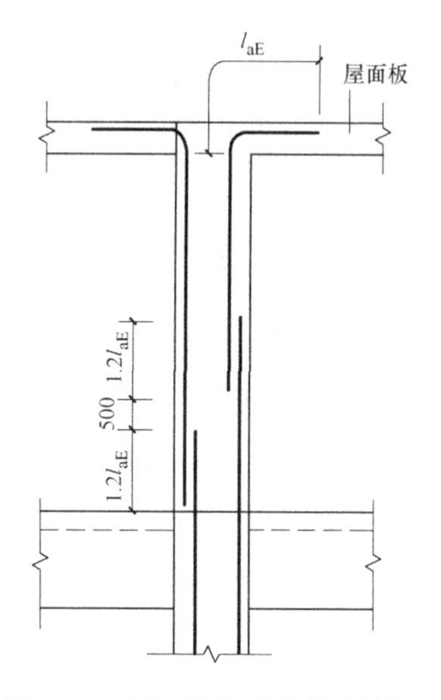

图 3-13 暗柱顶层钢筋绑扎连接构造

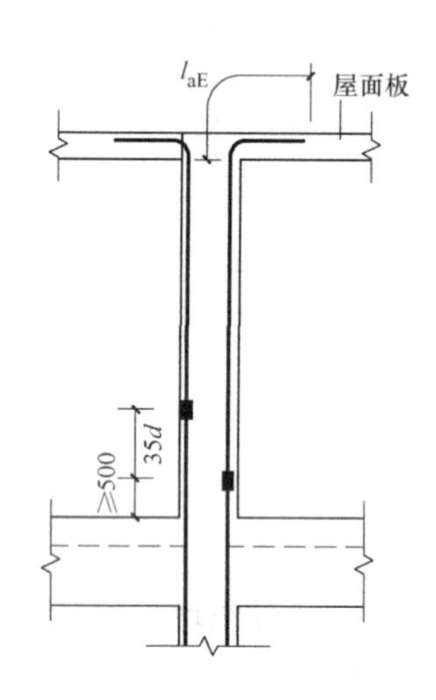

图 3-14 暗柱顶层机械连接构造

与长筋连接的钢筋长度=顶层层高−顶层板厚−(1.2l_{aE}+500)+

顶层锚固总长度 l_{aE} (3-24)

机械连接时：

与短筋连接的钢筋长度=顶层层高−顶层板厚−500+顶层锚固总长度 l_{aE} (3-25)

与长筋连接的钢筋长度=顶层层高−顶层板厚−500−35d+顶层锚固总长度 l_{aE}

(3-26)

4. 变截面纵筋翻样

剪力墙柱变截面纵筋的锚固形式如图 3-15 所示，包括倾斜锚固与当前锚固加插筋两种形式。

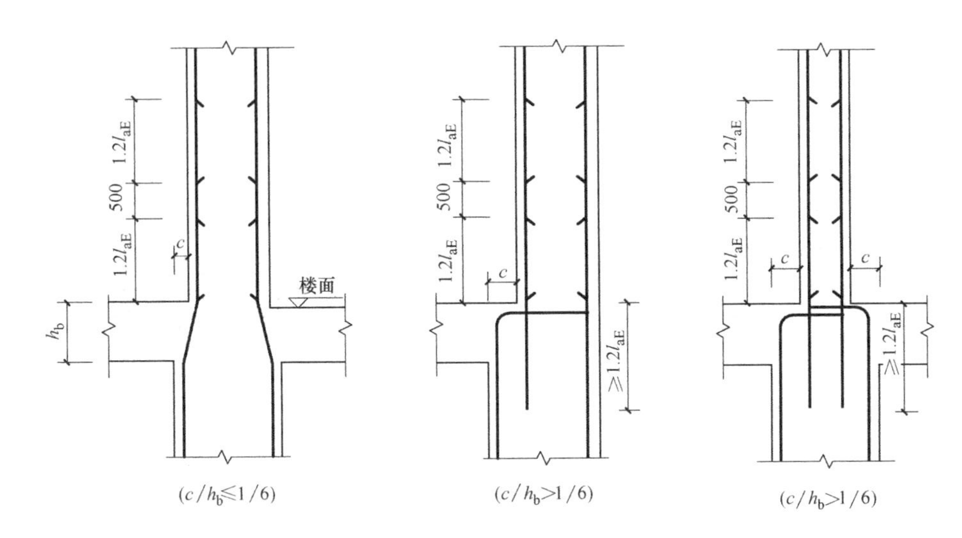

图 3-15 变截面钢筋绑扎连接

倾斜锚固钢筋长度翻样方法：

$$变截面处纵筋长度=层高+斜度延伸长度+1.2l_{aE} \tag{3-27}$$

当前锚固钢筋和插筋长度翻样方法：

$$当前锚固纵筋长度=层高-非连接区-板保护层+下墙柱柱宽-2\times 墙柱保护层 \tag{3-28}$$

$$变截面上层插筋长度=锚固长度1.5l_{aE}+非连接区+1.2l_{aE} \tag{3-29}$$

5. 墙柱箍筋翻样

（1）基础插筋箍筋根数

$$根数=(基础高度-基础保护层)/500+1 \tag{3-30}$$

（2）底层、中间层、顶层箍筋根数

绑扎连接时：

$$根数=(2.4l_{aE}+500-50)/加密间距+(层高-搭接范围)/间距+1 \tag{3-31}$$

机械连接时：

$$根数=(层高-50)/箍筋间距+1 \tag{3-32}$$

6. 拉筋翻样

（1）基础拉筋根数

$$基础层拉筋根数=\left[\frac{基础高度-基础保护层c}{500}+1\right]\times 每排拉筋根数 \tag{3-33}$$

（2）底层、中间层、顶层拉筋根数

$$基础拉筋根数=\left[\frac{层高-50}{间距}+1\right]\times 每排拉筋根数 \tag{3-34}$$

3.2.3 剪力墙梁钢筋翻样

1. 剪力墙单洞口连梁钢筋翻样

当洞口两侧水平段长度不能满足连梁纵筋直锚长度≥max［l_{aE}（l_a），600mm］的要求时，可采用弯锚形式，连梁纵筋伸至墙外侧纵筋内侧弯锚，竖向弯折长度为15d（d为连梁纵筋直径），如图3-16所示。

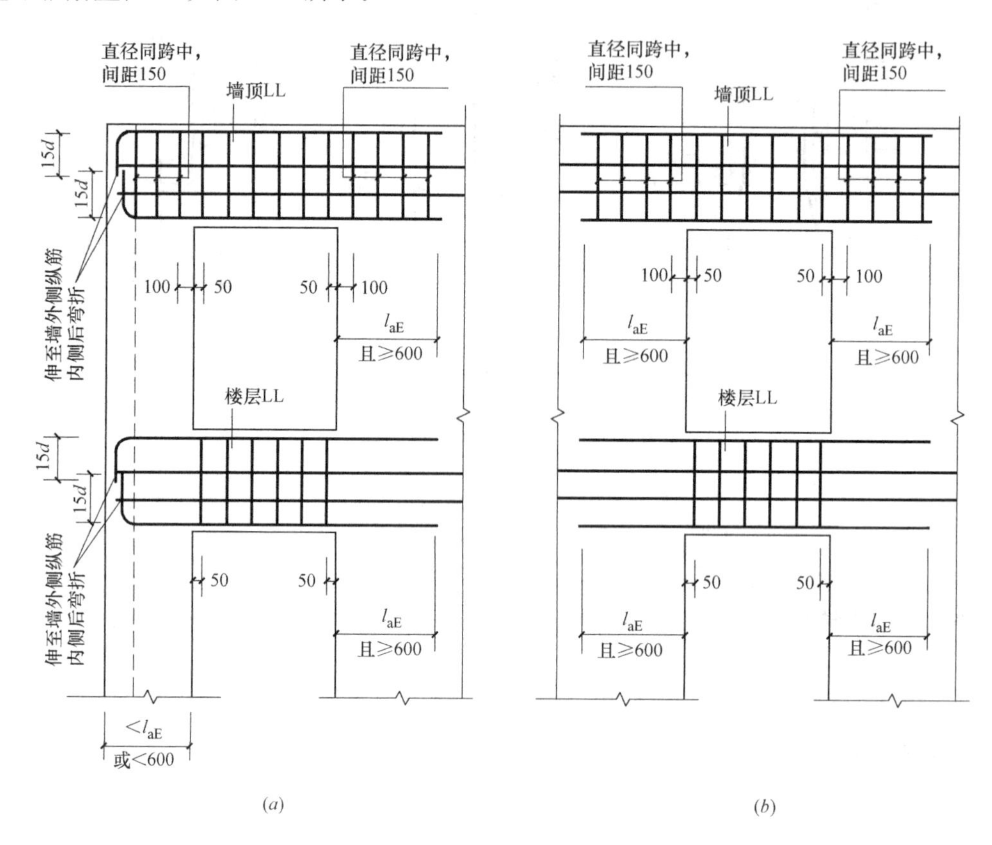

图3-16 单洞口连梁钢筋构造

（a）墙端部洞口连梁构造；（b）墙中部洞口连梁构造

中间层单洞口连梁钢筋翻样方法：

$$\text{连梁纵筋长度}=\text{左锚固长度}+\text{洞口长度}+\text{右锚固长度} \tag{3-35}$$

$$\text{箍筋根数}=\frac{\text{洞口宽度}-2\times 50}{\text{间距}}+1 \tag{3-36}$$

顶层单洞口连梁钢筋翻样方法：

$$\text{连梁纵筋长度}=\text{左锚固长度}+\text{洞口长度}+\text{右锚固长度} \tag{3-37}$$

$$\begin{aligned}\text{箍筋根数}&=\text{左墙肢内箍筋根数}+\text{洞口上箍筋根数}+\text{右墙肢内箍筋根数}\\&=\frac{\text{左侧锚固长度水平段}-100}{150}+1+\frac{\text{洞口宽度}-2\times 50}{\text{间距}}+1\end{aligned}$$

$$=\frac{\text{右侧锚固长度水平段}-100}{150}+1 \tag{3-38}$$

2. 剪力墙双洞口连梁钢筋翻样

当两洞口的洞间墙长度不能满足两侧连梁纵筋直锚长度 min［l_{aE}（l_a），1200mm］的要求时，可采用双洞口连梁，如图 3-17 所示。其构造要求为：连梁上部、下部、侧面纵筋连续通过洞间墙，上下部纵筋锚入剪力墙内的长度要求为 max（l_{aE}，600mm）。

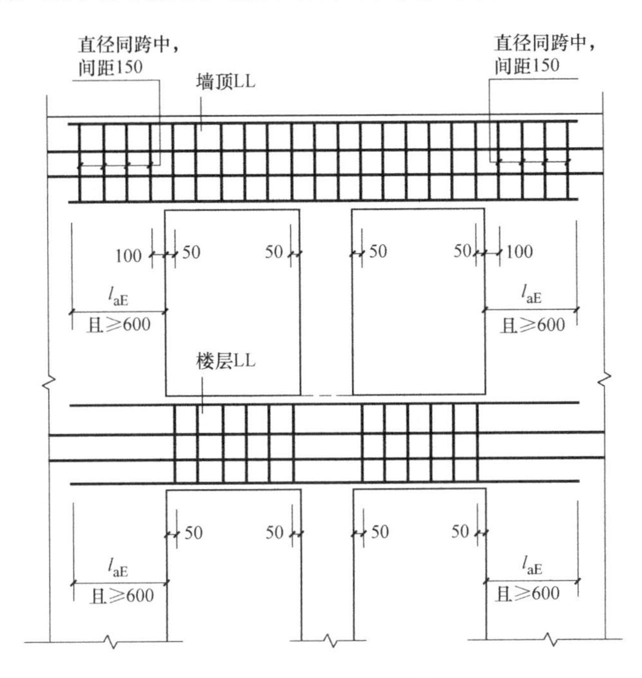

图 3-17　双洞口连梁构造

中间层双洞口连梁钢筋翻样方法：

$$\text{连梁纵筋长度}=\text{左锚固长度}+\text{两洞口宽度}+\text{洞口墙宽度}+\text{右锚固长度} \tag{3-39}$$

$$\text{箍筋根数}=\frac{\text{洞口 1 宽度}-2\times50}{\text{间距}}+1+\frac{\text{洞口 2 宽度}-2\times50}{\text{间距}}+1 \tag{3-40}$$

顶层双洞口连梁钢筋翻样方法：

$$\text{连梁纵筋长度}=\text{左锚固长度}+\text{两洞口宽度}+\text{洞间墙宽度}+\text{右锚固长度} \tag{3-41}$$

$$\text{箍筋根数}=\frac{\text{左锚固长度}-100}{150}+1+\frac{\text{两洞口宽度}+\text{洞间墙}-2\times50}{\text{间距}}+1+\frac{\text{右锚固长度}-100}{150}+1 \tag{3-42}$$

3. 剪力墙连梁拉筋翻样

$$\text{拉筋根数}=\left(\frac{\text{连梁净宽}-2\times50}{\text{箍筋间距}\times2}+1\right)\times\left(\frac{\text{连梁高度}-2\times\text{保护层}}{\text{水平筋间距}\times2}+1\right) \tag{3-43}$$

【例 3-1】 端部洞口连梁 LL5 施工图，见图 3-18。设混凝土强度为 C30，抗震等级为一级，计算连梁 LL5 中间层的各种钢筋。

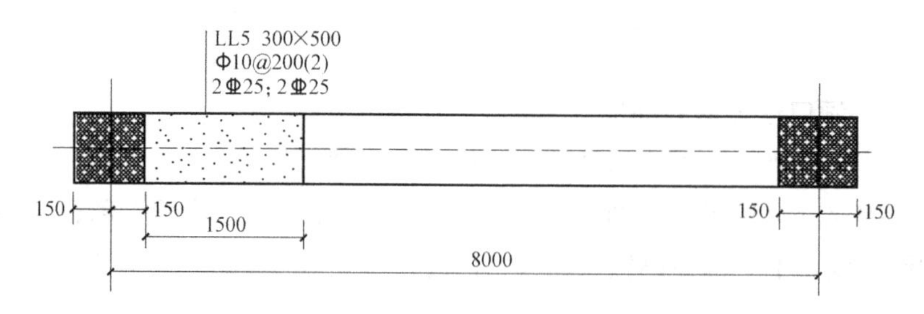

图 3-18　LL5 钢筋计算图

【解】

（1）上、下部纵筋

$$计算公式=净长+左端柱内锚固+右端直锚$$

左端支座锚固 $=h_c-c+15d$

$=300-15+15\times25$

$=660\text{mm}$

右端直锚固长度 $=\max(l_{aE},600)$

$=\max(38\times25,600)$

$=950\text{mm}$

总长度 $=1500+660+950=3110\text{mm}$

（2）箍筋长度

箍筋长度 $=2\times[(300-2\times15)+(500-2\times15)]+2\times11.9\times10$

$=1718\text{mm}$

（3）箍筋根数

洞宽范围内箍筋根数 $=\dfrac{1500-2\times50}{200}+1$

$=8$ 根

4 梁钢筋翻样

4.1 梁钢筋识读

4.1.1 梁平法施工图表示方法

(1) 梁平法施工图是在梁平面布置图上采用平面注写方式或截面注写方式表达。

(2) 梁平面布置图，应分别按梁的不同结构层（标准层），将全部梁和与其相关联的柱、墙、板一起采用适当比例绘制。

(3) 在梁平法施工图中，尚应注明各结构层的顶面标高及相应的结构层号。

(4) 对于轴线未居中的梁，应标注其偏心定位尺寸（贴柱边的梁可不注）。

4.1.2 列表注写方式

(1) 平面注写方式是在梁平面布置图上，分别在不同编号的梁中各选一根梁，在其上注写截面尺寸和配筋具体数值的方式来表达梁平法施工图。

平面注写包括集中标注与原位标注，集中标注表达梁的通用数值，原位标注表达梁的特殊数值。当集中标注中的某项数值不适用于梁的某部位时，则将该项数值原位标注，施工时，原位标注取值优先，如图 4-1 所示。

(2) 梁编号由梁类型代号、序号、跨数及有无悬挑代号几项组成，并应符合表 4-1 的规定。

(3) 梁集中标注的内容，有五项必注值及一项选注值（集中标注可以从梁的任意一跨引出），规定如下：

1) 梁编号，见表 4-1，该项为必注值。

2) 梁截面尺寸，该项为必注值。

当为等截面梁时，用 $b\times h$ 表示；

当为竖向加腋梁时，用 $b\times h$　$Yc_1\times c_2$表示，其中 c_1 为腋长，c_2 为腋高，如图 4-2 所示；

当为水平加腋梁时，一侧加腋时用 $b\times h$　$PYc_1\times c_2$表示，其中 c_1 为腋长，c_2 为腋宽，加腋部位应在平面图中绘制，如图 4-3 所示；

当有悬挑梁并且根部和端部的高度不同时，用斜线分隔根部与端部的高度值，即为 $b\times h_1/h_2$，如图 4-4 所示。

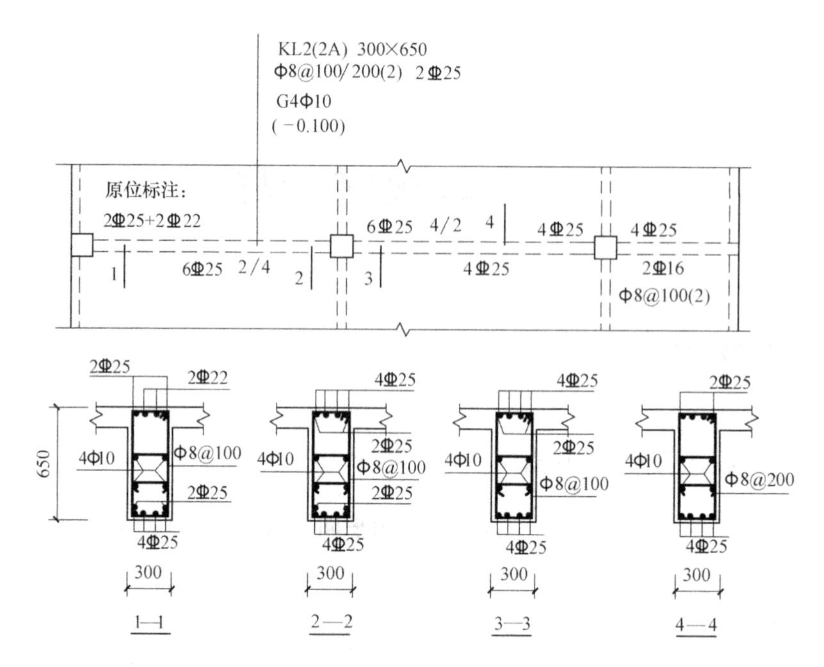

图 4-1 梁构件平面注写方式

注：图中四个梁截面是采用传统表示方法绘制，用于对比按平面注写方式表达的同样内容。实际采用平面注写方式表达时，不需绘制梁截面配筋图和图中的相应截面号。

梁编号 **表 4-1**

梁类型	代号	序号	跨数及是否带有悬挑
楼层框架梁	KL	××	(××)、(××A)或(××B)
楼层框架扁梁	KBL	××	(××)、(××A)或(××B)
屋面框架梁	WKL	××	(××)、(××A)或(××B)
非框架梁	L	××	(××)、(××A)或(××B)
框支梁	KZL	××	(××)、(××A)或(××B)
托柱转换梁	TZL	××	(××)、(××A)或(××B)
悬挑梁	XL	××	(××)、(××A)或(××B)
井字梁	JZL	××	(××)、(××A)或(××B)

注：1. (××A) 为一端有悬挑，(××B) 为两端有悬挑，悬挑不计入跨数。
2. 楼层框架扁梁节点核心区代号 KBH。
3. 非框架梁 L、井字梁 JZL 表示端支座为铰接；当非框架梁 L、井字梁 JZL 端支座上部纵筋为充分利用钢筋的抗拉强度时，在梁代号后加“g”。

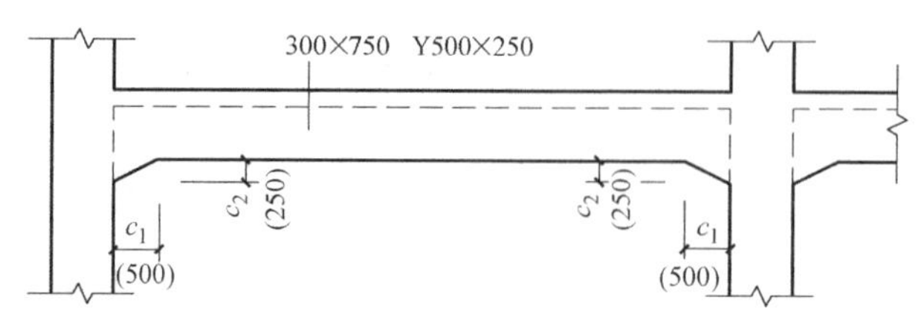

图 4-2 竖向加腋梁标注

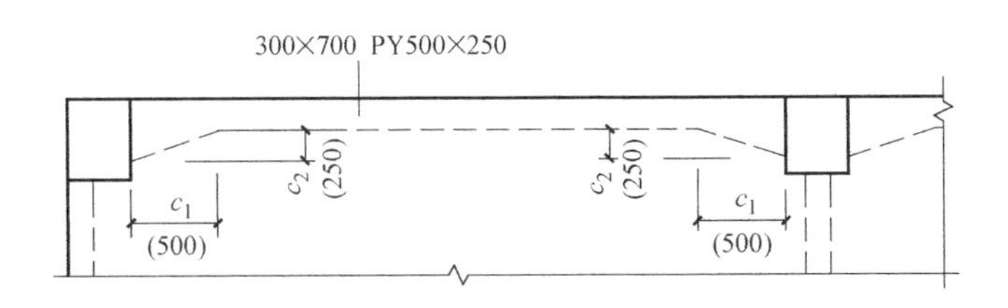

图 4-3 水平加腋梁标注

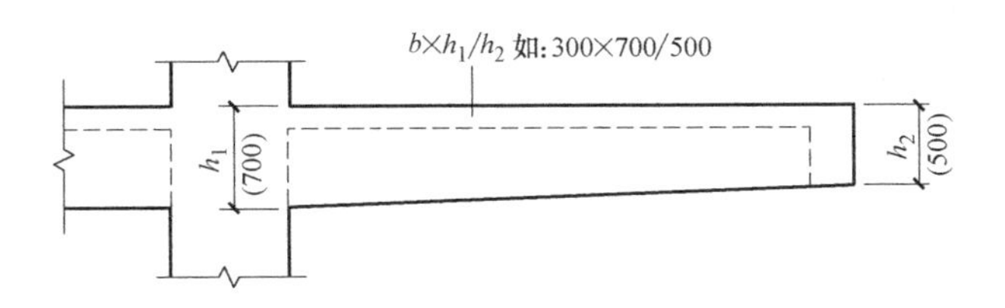

图 4-4 悬挑梁不等高截面标注

3）梁箍筋，包括钢筋级别、直径、加密区与非加密区间距及肢数，该项为必注值。箍筋加密区与非加密区的不同间距及肢数需用斜线“/”分隔；当梁箍筋为同一种间距及肢数时，则不需用斜线；当加密区与非加密区的箍筋肢数相同时，则将肢数注写一次；箍筋肢数应写在括号内。加密区范围见相应抗震等级的标准构造详图。

非框架梁、悬挑梁、井字梁采用不同的箍筋间距及肢数时，也用斜线“/”将其分隔开来。注写时，先注写梁支座端部的箍筋（包括箍筋的箍数、钢筋级别、直径、间距与肢数），在斜线后注写梁跨中部分的箍筋间距及肢数。

4）梁上部通长筋或架立筋配置（通长筋可为相同或不通知经采用搭接连接、机械连接或焊接的钢筋），该项为必注值。所注规格与根数应根据结构受力要求及箍筋肢数等构造要求而定。当同排纵筋中既有通长筋又有架立筋时，应用加号“+”将通长筋和架立筋相联。注写时需将角部纵筋写在加号的前面，架立筋写在加号后面的括号内，以示不同直径及与通长筋的区别。当全部采用架立筋时，则将其写入括号内。

当梁的上部纵筋和下部纵筋为全跨相同，且多数跨配筋相同时，此项可加注下部纵筋的配筋值，用分号“;”将上部与下部纵筋的配筋值分隔开来表达。少数跨不同者，则将该项数值原位标注。

5）梁侧面纵向构造钢筋或受扭钢筋配置，该项为必注值。

当梁腹板高度 $h_w\geqslant$450mm 时，需配置纵向构造钢筋，所注规格与根数应符合规范规定。此项注写值以大写字母 G 打头，接续注写设置在梁两个侧面的总配筋值，且对称配置。

当梁侧面需配置受扭纵向钢筋时，此项注写值以大写字母 N 打头，接续注写配置在梁两个侧面的总配筋值，且对称配置。受扭纵向钢筋应满足梁侧面纵向构造钢筋的间距要求，且不再重复配置纵向构造钢筋。

注：1. 当为梁侧面构造钢筋时，其搭接与锚固长度可取为 $15d$。

2. 当为梁侧面受扭纵向钢筋时，其搭接长度为 l_l 或 l_{lE}，锚固长度为 l_a 或 l_{aE}；其锚固方式同框架梁下部纵筋。

6）梁顶面标高高差，该项为选注值。

梁顶面标高高差，系指相对于结构层楼面标高的高差值，对于位于结构夹层的梁，则指相对于结构夹层楼面标高的高差。有高差时，需将其写入括号内，无高差时不注。

注：当某梁的顶面高于所在结构层的楼面标高时，其标高高差为正值，反之为负值。

（4）梁原位标注的内容规定如下：

1）梁支座上部纵筋，该部位含通长筋在内的所有纵筋：

① 当上部纵筋多于一排时，用斜线“/”将各排纵筋自上而下分开。

② 当同排纵筋有两种直径时，用加号“+”将两种直径的纵筋相联，注写时将角部纵筋写在前面。

③ 当梁中间支座两边的上部纵筋不同时，须在支座两边分别标注；当梁中间支座两边的上部纵筋相同时，可仅在支座的一边标注配筋值，另一边省去不注（图 4-5）。

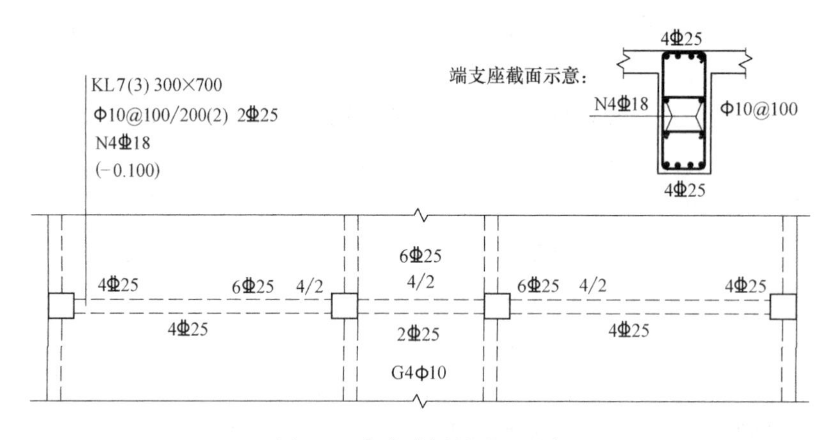

图 4-5 大小跨梁的注写示意

设计时应注意：

a. 对于支座两边不同配筋值的上部纵筋，宜尽可能选用相同直径（不同根数），使其贯穿支座，避免支座两边不同直径的上部纵筋均在支座内锚固。

b. 对于以边柱、角柱为端支座的屋面框架梁，当能够满足配筋截面面积要求时，其梁的上部钢筋应尽可能只配置一层，以避免梁柱纵筋在柱顶处因层数过多、密度过大导致不方便施工和影响混凝土浇筑质量。

2）梁下部纵筋：

① 当下部纵筋多于一排时，用斜线“/”将各排纵筋自上而下分开。

② 当同排纵筋有两种直径时，用加号“+”将两种直径的纵筋相联，注写时角筋写在前面。

③ 当梁下部纵筋不全部伸入支座时，将梁支座下部纵筋减少的数量写在括号内。

④ 当梁的集中标注中已分别注写了梁上部和下部均为通长的纵筋值时，则不需在梁下部重复做原位标注。

⑤ 当梁设置竖向加腋时，加腋部位下部斜纵筋应在支座下部以 Y 打头注写在括号内（图 4-6），图集中框架梁竖向加腋结构适用于加腋部位参与框架梁计算，其他情况设计者应另行给出构造。当梁设置水平加腋时，水平加腋内上、下部斜纵筋应在加腋支座上部以 Y 打头注写在括号内，上下部斜纵筋之间用“/”分隔（图 4-7）。

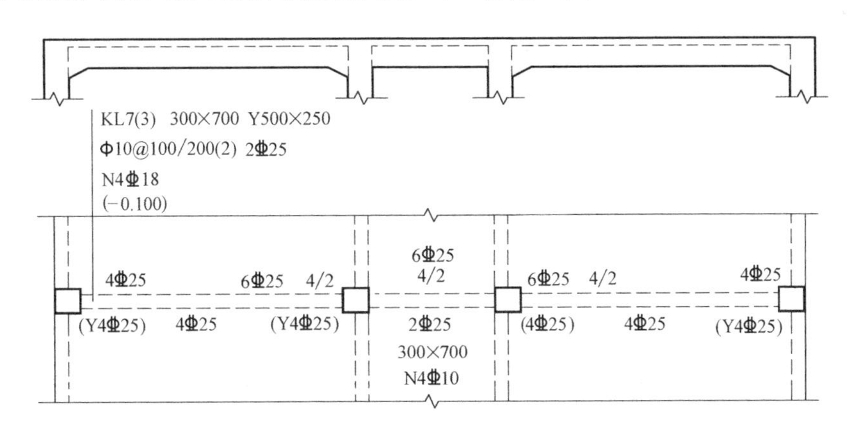

图 4-6 梁竖向加腋平面注写方式

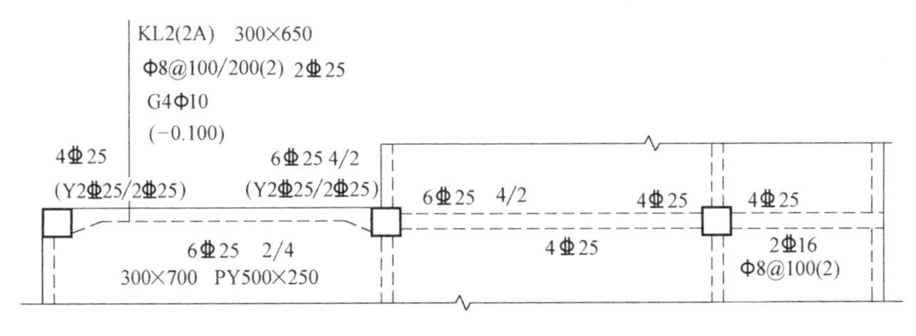

图 4-7 梁水平加腋平面注写方式

3）当在梁上集中标注的内容（即梁截面尺寸、箍筋、上部通长筋或架立筋，梁侧面纵向构造钢筋或受扭纵向钢筋，以及梁顶面标高高差中的某一项或几项数值）不适用于某跨或某悬挑部分时，则将其不同数值原位标注在该跨或该悬挑部位，施工时应按原位标注数值取用。

当在多跨梁的集中标注中已注明加腋，而该梁某跨的根部却不需要加腋时，则应在该跨原位标注等截面的 $b \times h$，以修正集中标注中的加腋信息，如图 4-6 所示。

4）附加箍筋或吊筋，将其直接画在平面图中的主梁上，用线引注总配筋值（附加箍筋的肢数注在括号内），如图 4-8 所示。当多数附加箍筋或吊筋相同时，可在梁平法施工图上统一注明，少数与统一注明值不同时，再原位引注。

施工时应注意：附加箍筋或吊筋的几何尺寸应按照标准构造详图，结合其所在位置的

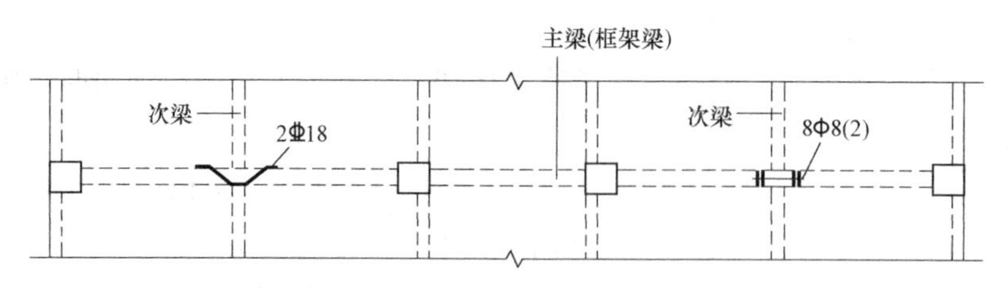

图 4-8 附加箍筋和吊筋的画法示例

主梁和次梁的截面尺寸而定。

（5）框架扁梁注写规则同框架梁，对于上部纵筋和下部纵筋，尚需注明未穿过柱截面的纵向受力钢筋根数（见图 4-9）。

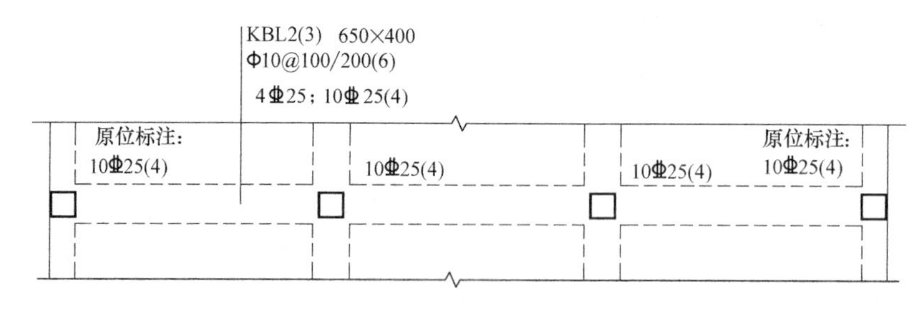

图 4-9 平面注写方式示例

（6）框架扁梁节点核心区代号为 KBH，包括柱内核心区和柱外核心区两部分。框架扁梁节点核心区钢筋注写包括柱外核心区竖向拉筋及节点核心区附加纵向钢筋，端支座节点核心区尚需注写附加 U 形箍筋。

柱内核心区箍筋见框架柱箍筋。

柱外核心区竖向拉筋，注写其钢筋级别与直径；端支座柱外核心区尚需注写附加 U 形箍筋的钢筋级别、直径及根数。

框架扁梁节点核心区附加纵向钢筋以大写字母“F”打头，注写其设置方向（X 向或 Y 向）、层数、每层的钢筋根数、钢筋级别、直径及未穿过柱截面的纵向受力钢筋根数。

设计、施工时应注意：

a. 柱外核心区竖向拉筋在梁纵向钢筋两向交叉位置均布置，当布置方式与图集要求不一致时，设计应另行绘制详图。

b. 框架扁梁端支座节点，柱外核心区设置 U 形箍筋及竖向拉筋时，在 U 形箍筋与位于柱外的梁纵向钢筋交叉位置均布置竖向拉筋。当布置方式与图集要求不一致时，设计应另行绘制详图。

c. 附加纵向钢筋应与竖向拉筋相互绑扎。

（7）井字梁通常由非框架梁构成，并以框架梁为支座（特殊情况下以专门设置的非框架大梁为支座）。在此情况下，为明确区分井字梁与作为井字梁支座的梁，井字梁用单粗虚线表示（当井字梁顶面高出板面时可用单粗实线表示），作为井字梁支座的梁用双细虚线表示（当梁顶面高出板面时可用双细实线表示）。

井字梁系指在同一矩形平面内相互正交所组成的结构构件，井字梁所分布范围称为“矩形平面网格区域”（简称“网格区域”）。当在结构平面布置中仅有由四根框架梁框起的一片网格区域时，所有在该区域相互正交的井字梁均为单跨；当有多片网格区域相连时，贯通多片网格区域的井字梁为多跨，且相邻两片网格区域分界处即为该井字梁的中间支座。对某根井字梁编号时，其跨数为其总支座数减 1；在该梁的任意两个支座之间，无论有几根同类梁与其相交，均不作为支座（图 4-10）。

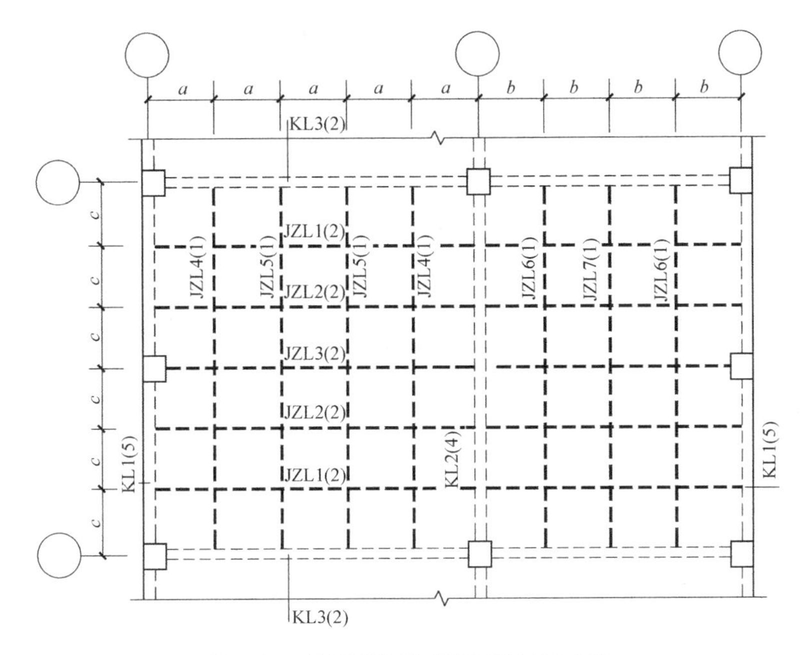

图 4-10 井字梁矩形平面网格区域示意

井字梁的注写规则符合前述规定。除此之外，设计者应注明纵横两个方向梁相交处同一层面钢筋的上下交错关系（指梁上部或下部的同层面交错钢筋何梁在上何梁在下），以及在该相交处两方向梁箍筋的布置要求。

(8) 井字梁的端部支座和中间支座上部纵筋的伸出长度值 a_0，应由设计者在原位加注具体数值予以注明。

当采用平面注写方式时，则在原位标注的支座上部纵筋后面括号内加注具体伸出长度值，如图 4-11 所示。

当为截面注写方式时，则在梁端截面配筋图上注写的上部纵筋后面括号内加注具体伸出长度值，如图 4-12 所示。

设计时应注意：

a. 当井字梁连续设置在两片或多排网格区域时，才具有井字梁中间支座。

b. 当某根井字梁端支座与其所在网格区域之外的非框架梁相连时，该位置上部钢筋的连续布置方式需由设计者注明。

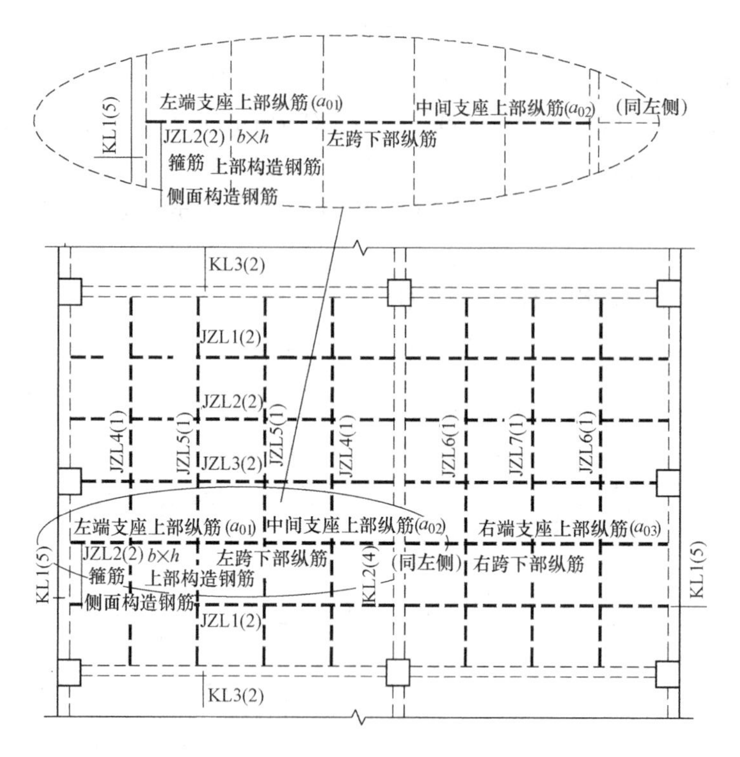

图 4-11 井字梁平面注写方式示例

注：图中仅示意井字梁的注写方法，未注明截面几何尺寸 $b\times h$，支座上部纵筋伸出长度 $a_{01}\sim a_{03}$，以及纵筋与箍筋的具体数值。

(9) 在梁平法施工图中，当局部梁的布置过密时，可将过密区用虚线框出，适当放大比例后再用平面注写方式表示。

(10) 采用平面注写方式表达的梁平法施工图示例，如图 4-13 所示。

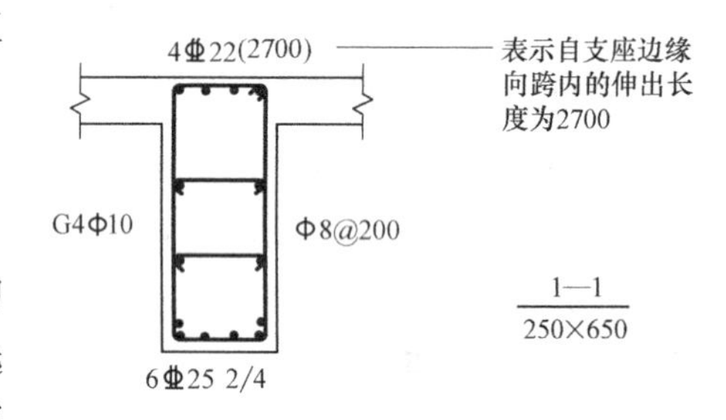

图 4-12 井字梁截面注写方式示例

4.1.3 截面注写方式

(1) 截面注写方式，系在分标准层绘制的梁平面布置图上，分别在不同编号的梁中各选择一根梁用剖面号引出配筋图，并在其上注写截面尺寸和配筋具体数值的方式来表达梁平法施工图。

(2) 对所有梁进行编号，从相同编号的梁中选择一根梁，先将“单边截面号”画在该梁上，再将截面配筋详图画在本图或其他图上。当某梁的顶面标高与结构层的楼面标高不同时，尚应继其梁编号后注写梁顶面标高高差（注写规定与平面注写方式相同）。

(3) 在截面配筋详图上注写截面尺寸 $b\times h$、上部筋、下部筋、侧面构造筋或受扭筋以及箍筋的具体数值时，其表达形式与平面注写方式相同。

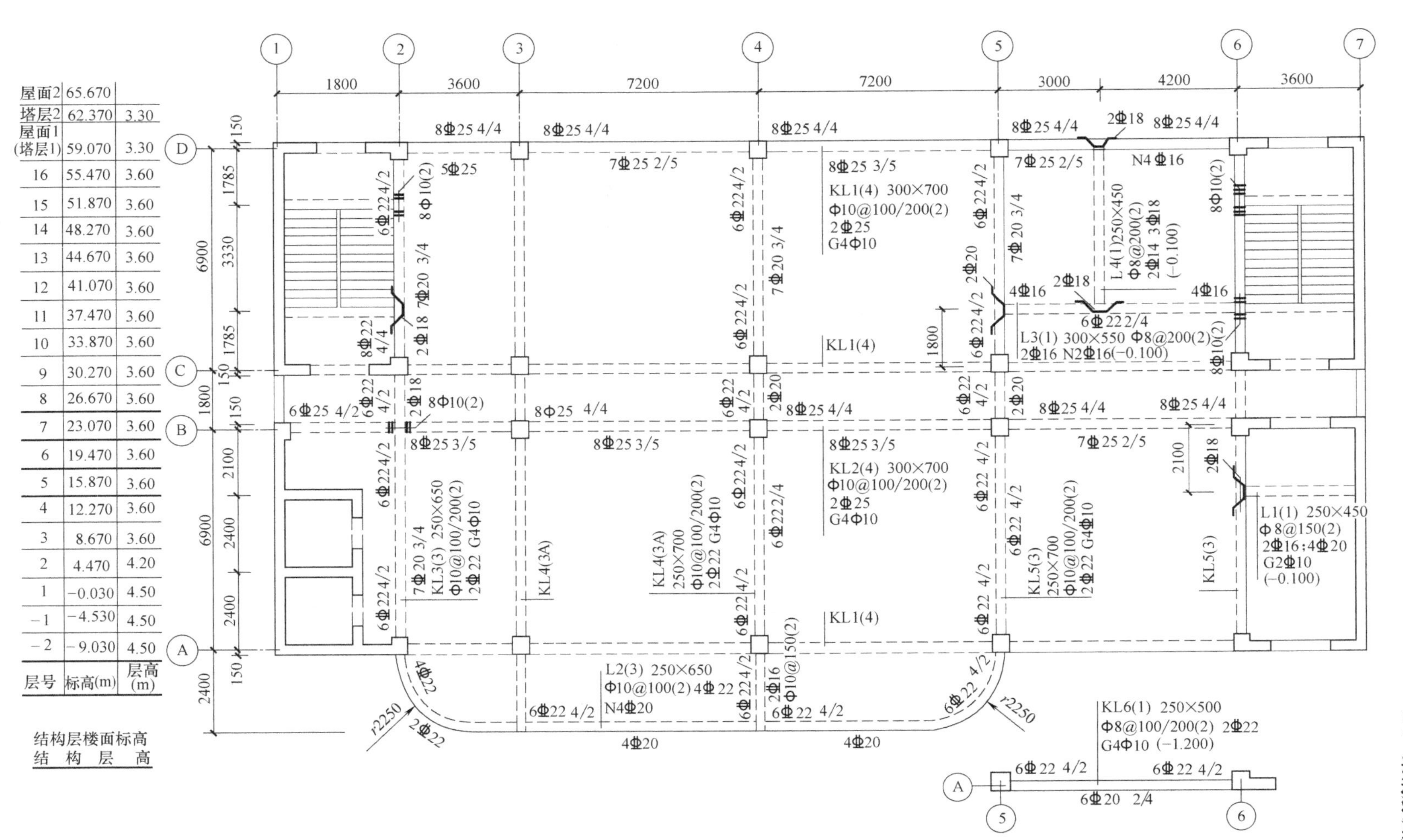

屋面2	65.670	
塔层2	62.370	3.30
屋面1(塔层1)	59.070	3.30
16	55.470	3.60
15	51.870	3.60
14	48.270	3.60
13	44.670	3.60
12	41.070	3.60
11	37.470	3.60
10	33.870	3.60
9	30.270	3.60
8	26.670	3.60
7	23.070	3.60
6	19.470	3.60
5	15.870	3.60
4	12.270	3.60
3	8.670	3.60
2	4.470	4.20
1	−0.030	4.50
−1	−4.530	4.50
−2	−9.030	4.50
层号	标高(m)	层高(m)

结构层楼面标高
结构层高

图 4-13 梁平法施工图平面注写方式示例

（4）对于框架扁梁尚需在截面详图上注写未穿过柱截面的纵向受力筋根数。对于框架扁梁节点核心区附加钢筋，需采用平、剖面图表达节点核心区附加纵向钢筋、柱外核心区全部竖向拉筋以及端支座附加U形箍筋，注写其具体数值。

（5）截面注写方式既可以单独使用，也可与平面注写方式结合使用。

注：在梁平法施工图的平面图中，当局部区域的梁布置过密时，除了采用截面注写方式表达外，也可将加密区用虚线框出，适当放大比例后再用平面注写方式表示。当表达异形截面梁的尺寸与配筋时，用截面注写方式相对比较方便。

（6）采应用截面注写方式表达的梁平法施工图示例见图4-14。

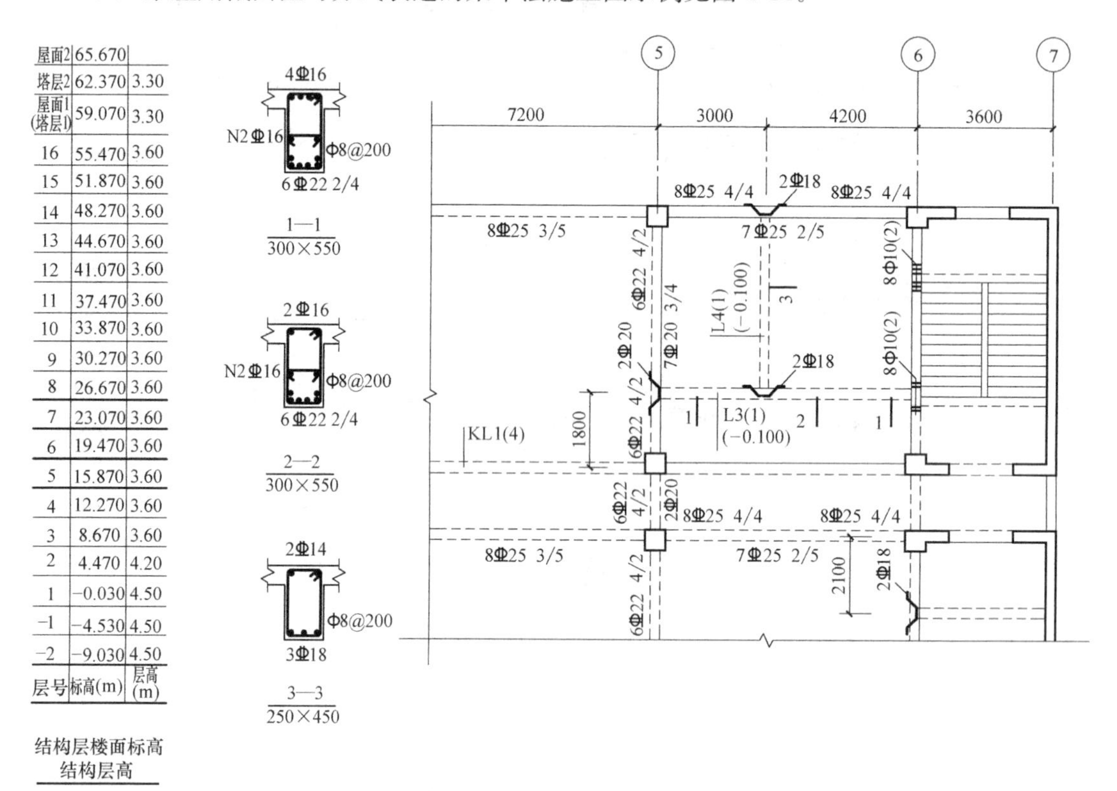

图4-14　梁平法施工图截面注写方式示例

4.2　梁钢筋翻样方法与技巧

4.2.1　楼层框架梁钢筋翻样

1. 楼层框架梁上下通长筋翻样

（1）两端端支座均为直锚，见图4-15。

$$上、下部通长筋长度=通跨净长\ l_n+左\ \max(l_{aE},0.5h_c+5d)+右\ \max(l_{aE},0.5h_c+5d) \tag{4-1}$$

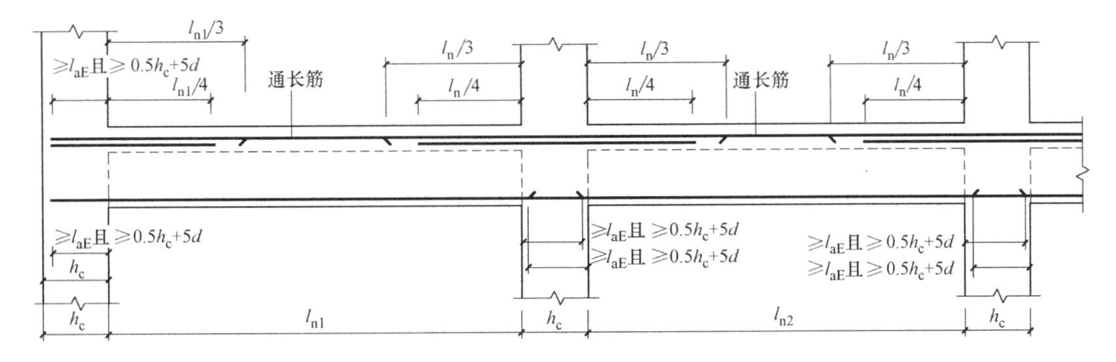

图 4-15 纵筋在端支座直锚

（2）两端端支座均为弯锚，见图 4-16。

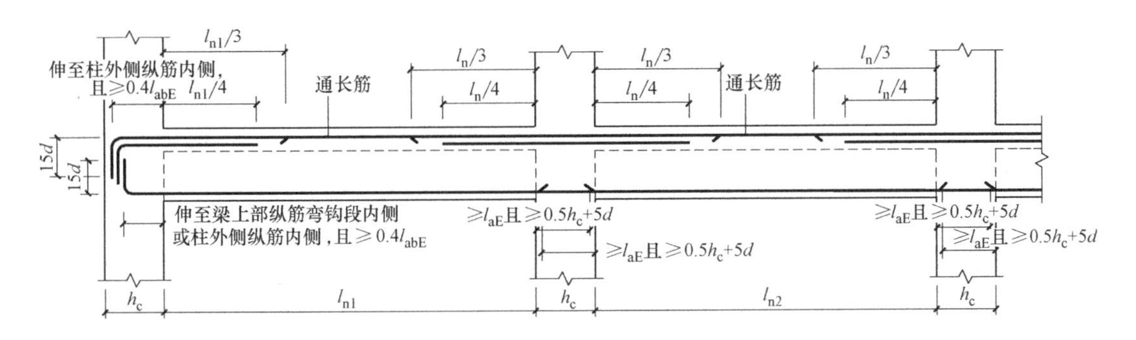

图 4-16 纵筋在端支座弯锚构造

$$上、下部通长筋长度=梁长-2\times保护层厚度+15d左+15d右 \tag{4-2}$$

（3）端支座一端直锚一端弯锚，见图 4-17。

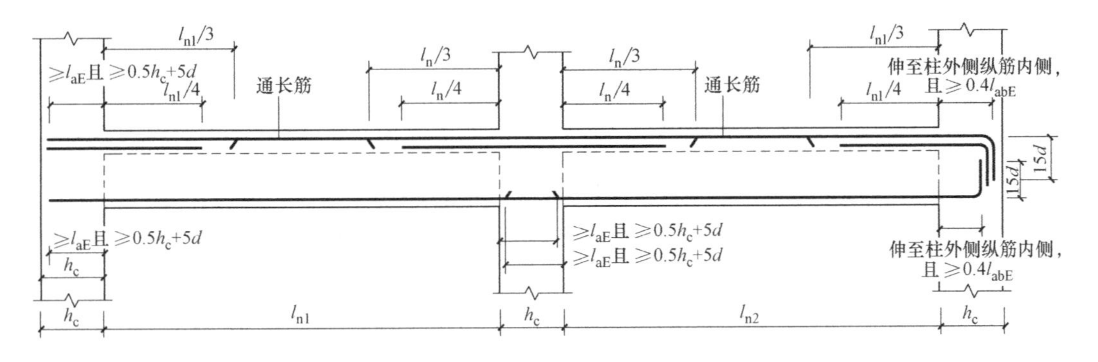

图 4-17 纵筋在端支座直锚和弯锚构造

$$上、下部通长筋长度=通跨净长\ l_n+左\ \max(l_{aE},0.5h_c+5d)+右\ h_c-保护层厚度+15d \tag{4-3}$$

2. 框架梁下部非通长筋翻样

（1）两端端支座均为直锚

边跨下部非通长筋长度=净长 l_{n1}+左 $\max(l_{aE},0.5h_c+$

$$5d)+右\max(l_{aE},0.5h_c+5d) \quad (4\text{-}4)$$

$$中间跨下部非通长筋长度净长 l_{n2}+左\max(l_{aE},0.5h_c+5d)+右\max(l_{aE},0.5h_c+5d) \quad (4\text{-}5)$$

（2）两端端支座均为弯锚

$$边跨下部非通长筋长度=净长 l_{n1}+左 h_c-保护层厚度+右\max(l_{aE},0.5h_c+5d) \quad (4\text{-}6)$$

$$中间跨下部非通长筋长度净长 l_{n2}+左\max(l_{aE},0.5h_c+5d)+右\max(l_{aE},0.5h_c+5d) \quad (4\text{-}7)$$

3. 框架梁下部纵筋不伸入支座翻样

当梁（不包括框支梁）下部纵筋不全部伸入支座时，不伸入支座的梁下部纵筋截断点距支座边的距离，统一取为 $0.1l_{ni}$（l_{ni} 为本跨梁的净跨值），如图 4-18 所示。

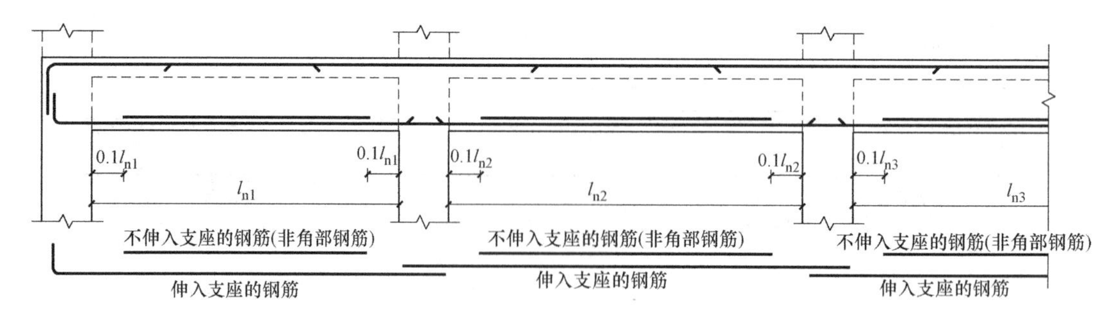

图 4-18 不伸入支座的梁下部纵向钢筋断点位置

$$框架梁下部纵筋不伸入支座长度=净跨长 l_n-0.1\times2净跨长 l_n=0.8净跨长 l_n \quad (4\text{-}8)$$

4. 楼层框架梁端支座负筋翻样

（1）当端支座截面满足直线锚固长度时：

$$端支座第一排负筋长度=\frac{净长 l_{n1}}{3}+左\max[l_{aE},(0.5h_c+5d)] \quad (4\text{-}9)$$

$$端支座第二排负筋长度=\frac{净长 l_{n1}}{4}+左\max[l_{aE},(0.5h_c+5d)] \quad (4\text{-}10)$$

（2）当端支座截面不能满足直线锚固长度时：

$$端支座第一排负筋长度=\frac{净长 l_{n1}}{3}+左 h_c-保护层厚度+15d \quad (4\text{-}11)$$

$$端支座第二排负筋长度=\frac{净长 l_{n1}}{4}+左 h_c-保护层厚度+15d \quad (4\text{-}12)$$

5. 楼层框架梁中间支座负筋翻样

$$中间支座第一排负筋长度=2\times\max\left(\frac{l_{n1}}{3},\frac{l_{n2}}{3}\right)+h_c \quad (4\text{-}13)$$

$$中间支座第二排负筋长度=2\times\max\left(\frac{l_{n1}}{4},\frac{l_{n2}}{4}\right)+h_c \quad (4\text{-}14)$$

6. 楼层框架梁架立筋翻样

连接框架梁第一排支座负筋的钢筋叫架立筋。架立筋主要起固定梁中间箍筋的作用，如图 4-19 所示。

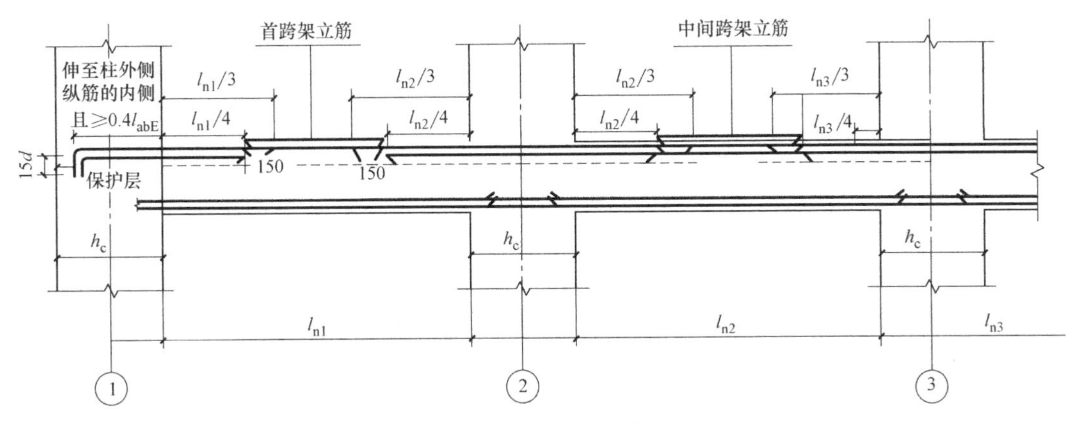

图 4-19 梁架立筋示例图

$$首尾跨架立筋长度=l_{n1}-\frac{l_{n1}}{3}-\frac{\max(l_{n1},l_{n2})}{3}+150\times2 \quad (4\text{-}15)$$

$$中间跨架立筋长度=l_{n2}-\frac{\max(l_{n1},l_{n2})}{3}-\frac{\max(l_{n2},l_{n3})}{3}+150\times2 \quad (4\text{-}16)$$

【例 4-1】 抗震等级为二级的抗震框架梁 KL2 为两跨梁，第一跨轴线跨度为 2900mm，第二跨轴线跨度为 2800mm，支座 KZ1 为 500mm×500mm，混凝土强度等级 C25，其中：

集中标注的箍筋Φ10@100/200（4）；

集中标注的上部钢筋 2Φ25+(2Φ14)；

每跨梁左右支座的原位标注都是：4Φ25；

请计算 KL2 的架立筋。

【解】 KL2 的第一跨架立筋：

第一跨净跨长度 $l_{n1}=2900-500$

$=2400$mm

第二跨净跨长度$l_{n2}=3800-500$

$=3300$mm

$l_n=\max(l_{n1},l_{n2})-\max(2400,3300)$

$=3300$mm

架立筋长度$=l_{n1}-l_{n1}/3-l_n/3+150\times2$

$=2400-2400/3-3300/3+150\times2$

$=800$mm

KL2 的第二跨架立筋：

架立筋长度$=l_{n2}-l_n/3-l_{n2}/3+150\times2$

$=3300-3300/3-3300/3+150\times2$

$=1400$mm

7. 框架梁侧面纵筋翻样

梁侧面纵筋分构造纵筋和抗扭纵筋。

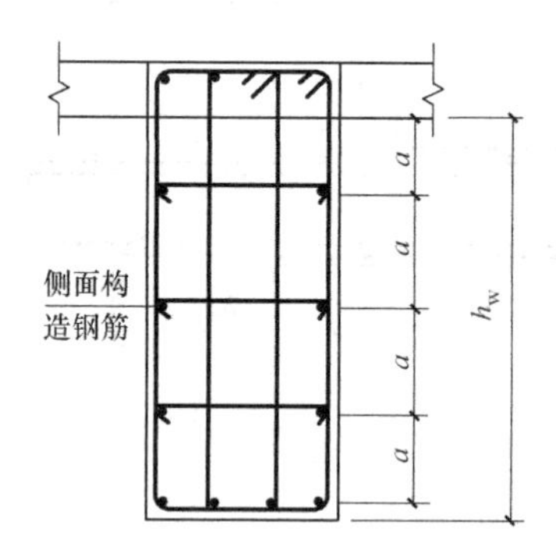

图 4-20 梁侧面构造纵筋截面图

（1）框架梁侧面构造纵筋翻样

如图 4-20 所示。

1）当梁净高 $h_w \geqslant 450$mm 时，在梁的两个侧面沿高度配置纵向构造钢筋；纵向构造钢筋间距 $a \leqslant 200$mm。

2）当梁宽≤350mm 时，拉筋直径为 6mm；当梁宽>350mm时，拉筋直径为 8mm。拉筋间距为非加密间距的两倍。当设有多排拉筋时，上下两排拉筋竖向错开设置。

梁侧面构造纵筋长度按图 4-21 进行计算。

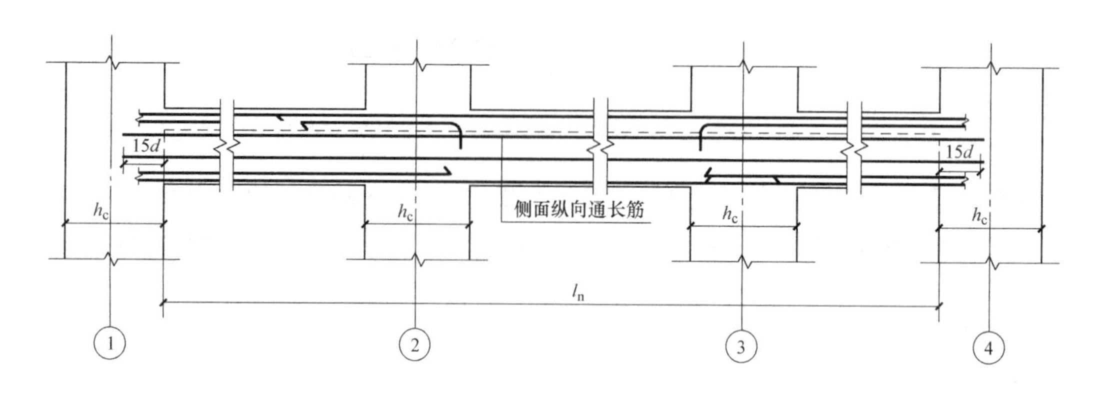

图 4-21 梁侧面构造纵筋示例图

$$梁侧面构造纵筋 = l_n + 15d \times 2 \tag{4-17}$$

（2）框架梁侧面抗扭纵筋翻样

梁侧面抗扭钢筋的计算方法分两种情况，即直锚情况和弯锚情况。

1）当端支座足够大时，梁侧面抗扭纵向钢筋直锚在端支座里，如图 4-22 所示。

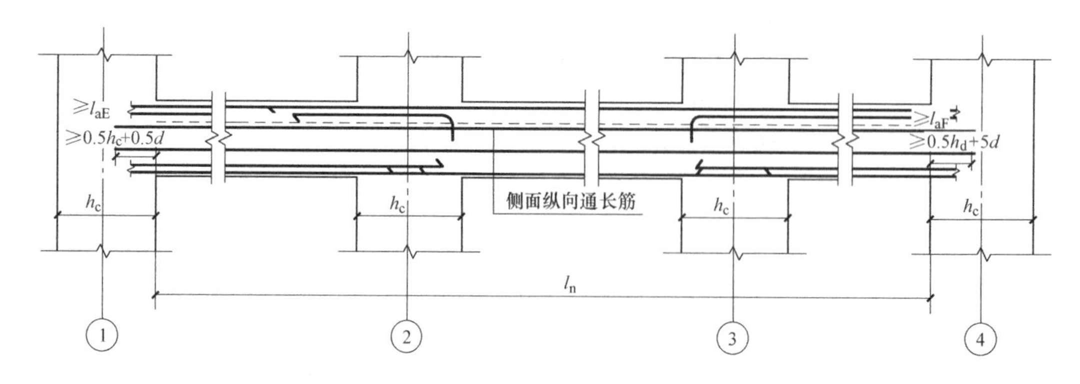

图 4-22 梁侧面抗扭纵筋示例图（直锚情况）

梁侧面抗扭纵向钢筋长度=通跨净长 l_n+左右锚入支座内长度 max

$$(l_{aE}, 0.5h_c+5d) \tag{4-18}$$

2）当支座不能满足直锚长度时，必须弯锚，如图 4-23 所示。

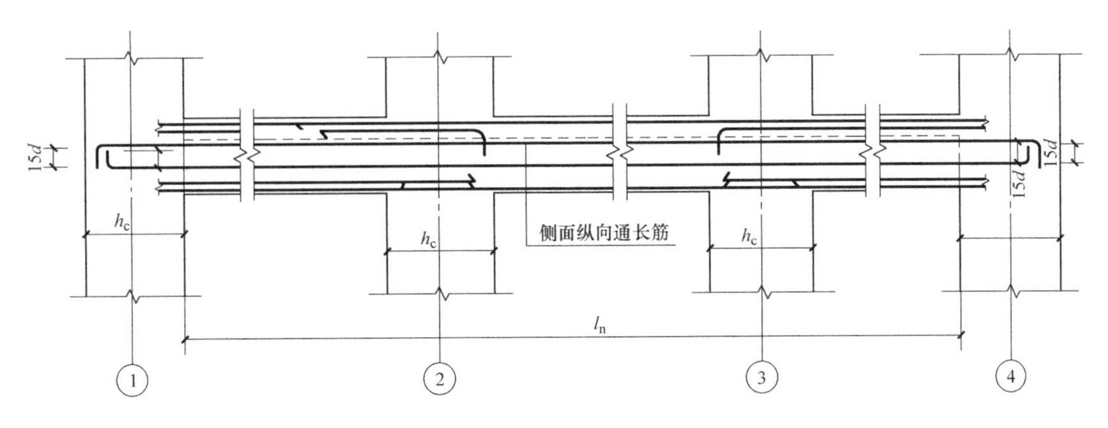

图 4-23 梁侧面抗扭纵筋示例图（弯锚情况）

梁侧面抗扭纵向钢筋长度=通跨净长 l_n+左右锚入支座内长度 max(0.4l_{aE}+15d,支座宽-保护层+弯折15d)(4-19)

（3）侧面纵筋的拉筋翻样

有侧面纵筋一定有拉筋，拉筋配置如图 4-24 所示。

1）当拉筋同时勾住主筋和箍筋时：

$$拉筋长度=(梁宽 b-保护层\times 2)+2d+1.9d\times 2+\max(10d,75mm)\times 2 \tag{4-20}$$

2）当拉筋只勾住主筋时：

$$拉筋长度=(梁宽 b-保护层\times 2)+1.9d\times 2+\max(10d,75mm)\times 2 \tag{4-21}$$

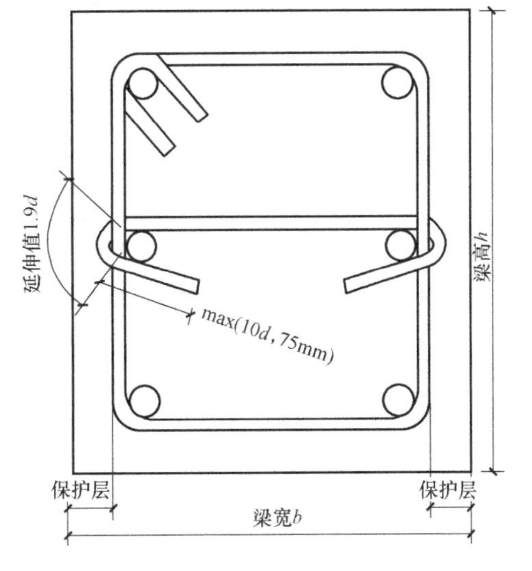

图4-24 梁侧面纵筋的拉筋示例图

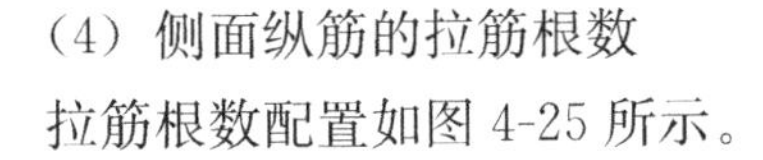

（4）侧面纵筋的拉筋根数

拉筋根数配置如图 4-25 所示。

$$拉筋根数=\frac{l_n-50\times 2}{非加密区间距的 2 倍}+1 \tag{4-22}$$

8. 框架梁箍筋翻样

框架梁（KL、WKL）箍筋构造要求，如图 4-26 和图 4-27 所示。

一级抗震：

$$箍筋加密区长度 l_1=\max(2.0h_b, 500) \tag{4-23}$$

$$箍筋根数=2\times[(l_1-50)/加密区间距+1]+(l_n-l_1)/非加密区间距-1 \tag{4-24}$$

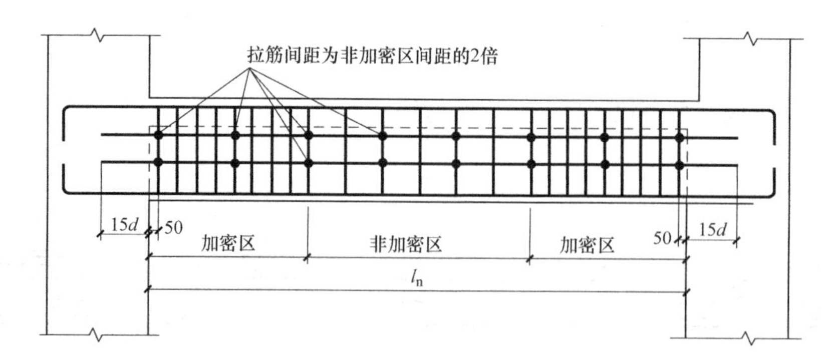

图 4-25 梁侧面纵筋的拉筋计算图

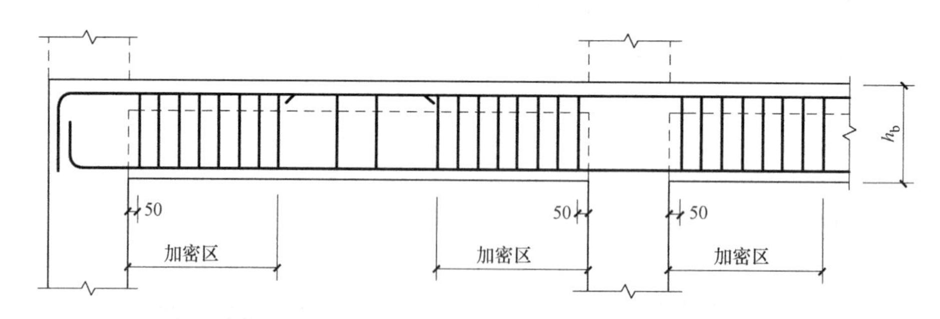

图 4-26 框架梁（KL、WKL）箍筋构造要求（一）

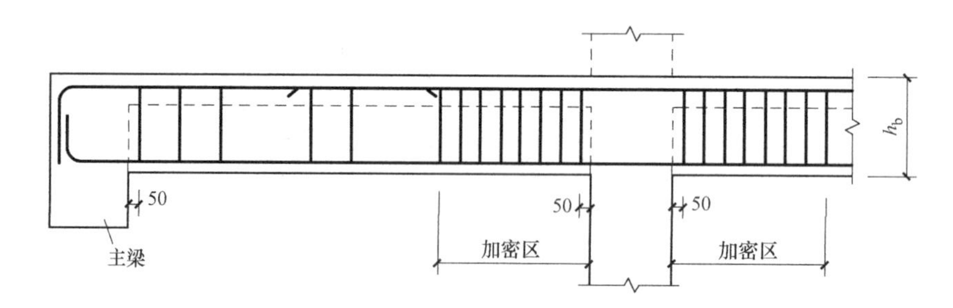

图 4-27 框架梁（KL、WKL）箍筋构造要求（二）

二～四级抗震：

$$箍筋加密区长度\ l_2=\max(1.5h_b,500) \tag{4-25}$$

$$箍筋根数=2\times[(l_2-50)/加密区间距+1]+(l_n-l_2)/非加密区间距-1 \tag{4-26}$$

$$箍筋预算长度=(b+h)\times2-8\times c+2\times1.9d+\max(10d,75)\times2+8d \tag{4-27}$$

$$箍筋下料长度=(b+h)\times2-8\times c+2\times1.9d+\max(10d,75)\times2+8d-3\times1.75d \tag{4-28}$$

$$内箍预算长度=\{[(b-2\times c-D)/n-1]\times j+D\}\times2+2\times(h-c)+2\times1.9d+\max(10d,75)\times2+8d \tag{4-29}$$

$$内箍下料长度=\{[(b-2\times c-D)/n-1]\times j+D\}\times2+2\times(h-c)+2\times1.9d+\max(10d,75)\times2+8d-3\times1.75d \tag{4-30}$$

式中 b——梁宽度；

h——梁高度；

c——混凝土保护层厚度；

d——箍筋直径；

n——纵筋根数；

D——纵筋直径；

j——梁内箍包含的主筋孔数，j=内箍内梁纵筋数量−1。

9. 框架梁附加箍筋、吊筋翻样

（1）附加箍筋

框架梁附加箍筋构造如图 4-28 所示。

附加箍筋间距 $8d$（为箍筋直径）且不大于梁正常箍筋间距。

附加箍筋根数如果设计注明则按设计，设计只注明间距而未注写具体数量按平法构造。

$$附加箍筋根数=2\times[(主梁高-次梁高+次梁宽-50)/附加箍筋间距+1] \quad (4\text{-}31)$$

（2）附加吊筋

框架梁附加吊筋构造如图 4-29 所示。

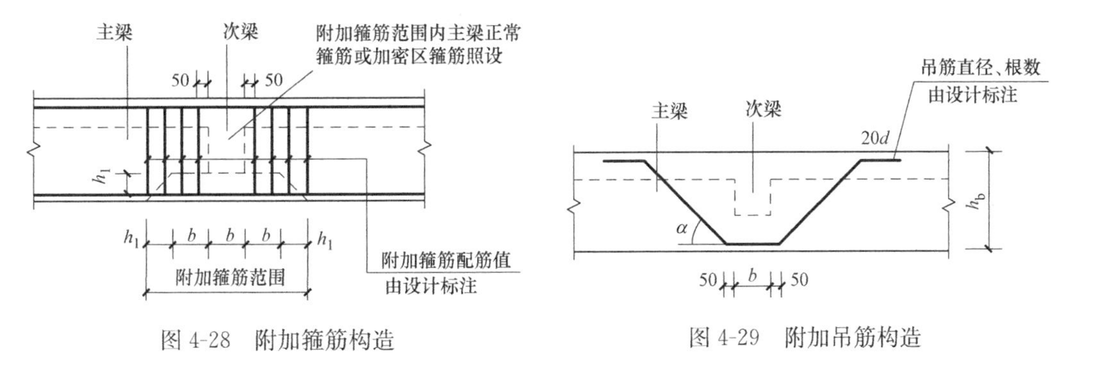

图 4-28 附加箍筋构造　　　　图 4-29 附加吊筋构造

$h_b \leqslant 800$mm 时，$\alpha=45°$；$h_b>800$mm 时，$\alpha=60°$

$$附加吊筋长度=次梁宽+2\times50+2\times(主梁高-保护层厚度)/\sin45°(60°)+2\times20d \quad (4\text{-}32)$$

4.2.2 屋面框架梁钢筋翻样

屋面框架梁纵向钢筋构造如图 4-30 所示。

屋面框架除上部通长筋和端支座负筋弯折长度伸至梁底，其他钢筋的算法和楼层框架梁相同。

（1）屋面框架梁上部贯通筋长度

$$屋面框架梁上部贯通筋长度=通跨净长+(左端支座宽-保护层)+(右端支座宽-保护层)+弯折(梁高-保护层)\times2 \quad (4\text{-}33)$$

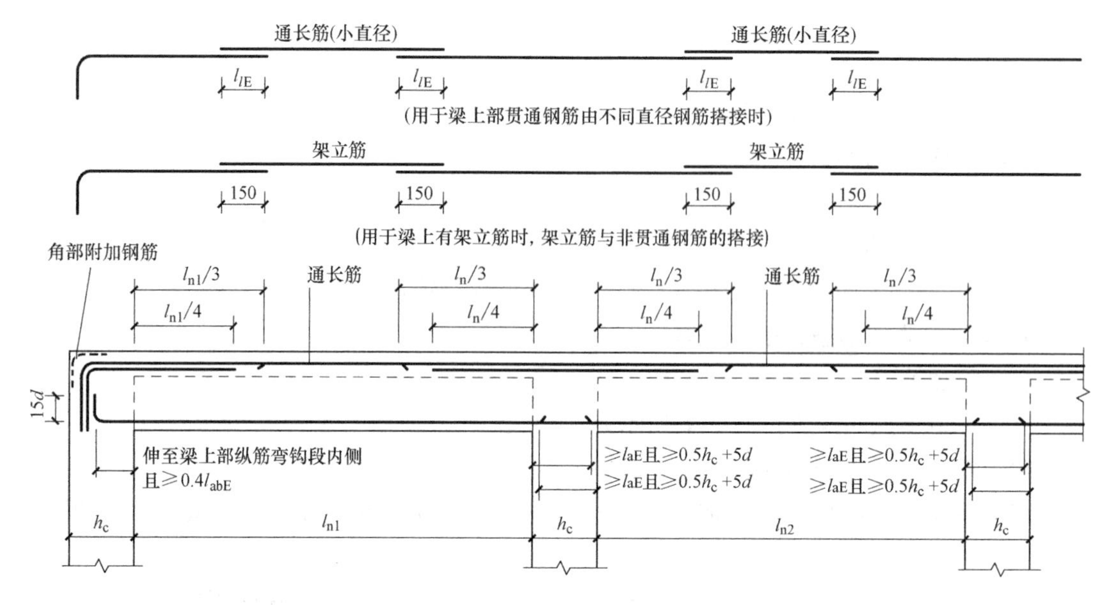

图 4-30　屋面框架梁纵向钢筋构造

(2) 屋面框架梁上部第一排负筋长度

$$\text{屋面框架梁上部第一排端支座负筋长度}=\frac{\text{净跨 } l_{n1}}{3}+(\text{左端支座宽}-\text{保护层})+\text{弯折}(\text{梁高}-\text{保护层}) \tag{4-34}$$

(3) 屋面框架梁上部第二排负筋长度

$$\text{屋面框架梁上部第二排端支座负筋长度}=\frac{\text{净跨 } l_{n1}}{4}+(\text{左端支座宽}-\text{保护层})+\text{弯折}(\text{梁高}-\text{保护层}) \tag{4-35}$$

4.2.3　非框架梁钢筋翻样

非框架梁配筋构造，见图 4-31。

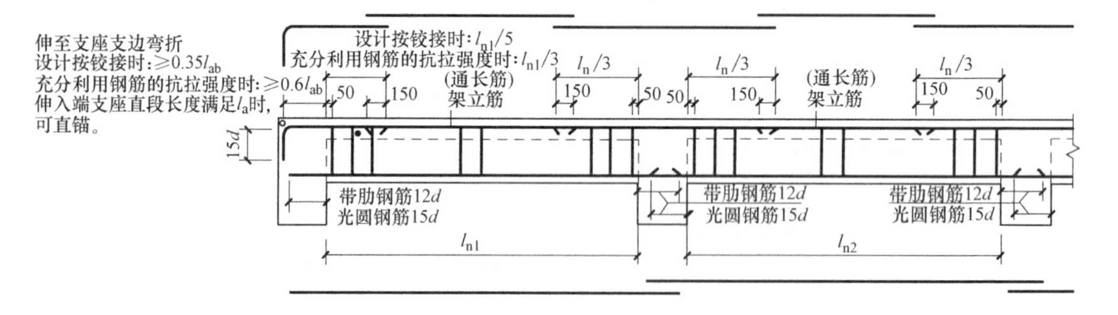

图 4-31　非框架梁配筋构造

$$\text{非框架梁上部纵筋长度}=\text{通跨净长 } l_n+\text{左支座宽}+\text{右支座宽}-2\times\text{保护层厚度}+2\times 15d \tag{4-36}$$

1. 非框架梁为弧形梁时

当非框架梁直锚时：

$$下部通长筋长度=通跨净长\ l_n+2\times l_a \tag{4-37}$$

当非框架梁不为直锚时：

$$下部通长筋长度=通跨净长\ l_n+左支座宽+右支座宽-2\times 保护层厚度+2\times 15d \tag{4-38}$$

$$非框架梁端支座负筋长度=l_n/3+支座宽-保护层厚度+15d \tag{4-39}$$

$$非框架梁中间支座负筋长度=\max(l_n/3,2l_n/3)+支座宽 \tag{4-40}$$

2. 非框架梁为直梁时

$$下部通长筋长度=通跨净长\ l_n+2\times 12d \tag{4-41}$$

当梁下部纵筋为光圆钢筋时：

$$下部通长筋长度=通跨净长\ l_n+2\times 15d \tag{4-42}$$

$$非框架梁端支座负筋长度=l_n/5+支座宽-保护层厚度+15d \tag{4-43}$$

当端支座为柱、剪力墙、框支梁或深梁时

$$非框架梁端支座负筋长度=l_n/3+支座宽-保护层厚度+15d \tag{4-44}$$

$$非框架梁中间支座负筋长度=\max(l_n/3,2l_n/3)+支座宽 \tag{4-45}$$

4.2.4 框支梁钢筋翻样

框支梁的配筋构造，如图 4-32 所示。

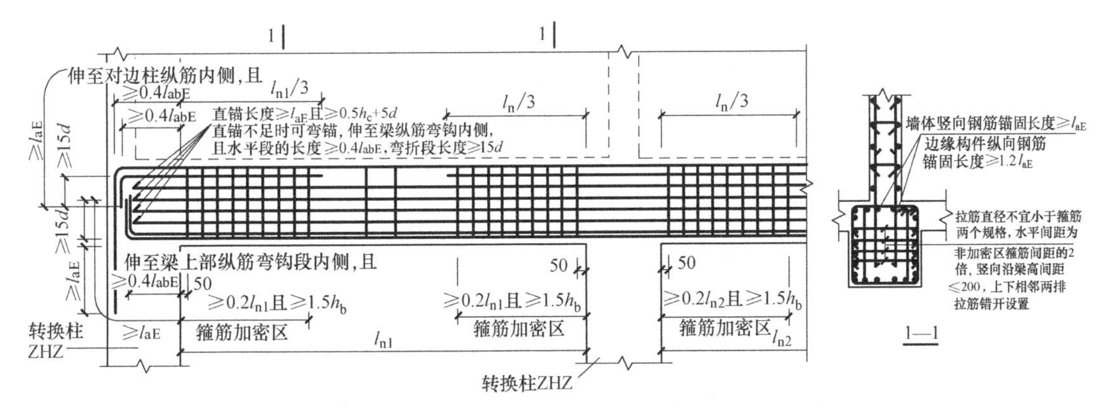

图 4-32 框支梁 KZL 的配筋构造

$$框支梁上部纵筋长度=梁总长-2\times 保护层厚度+2\times 梁高\ h+2\times l_{aE} \tag{4-46}$$

当框支梁下部纵筋为直锚时：

$$框支梁下部纵筋长度=梁跨净长\ l_n+左\ \max(l_{aE},0.5h_c+5d)+右\ \max(l_{aE},0.5h_c+5d) \tag{4-47}$$

当框支梁下部纵筋不为直锚时：

$$框支梁下部纵筋长度=梁总长-2\times 保护层厚度+2\times 15d \tag{4-48}$$

$$框支梁箍筋数量=2\times[\max(0.2l_{n1},1.5h_b)/加密区间距+1]+(l_n-加密区长度)/非加密区间距-1 \tag{4-49}$$

框支梁侧面纵筋同框支梁下部纵筋。

$$框支梁支座负筋=\max(l_{n1}/3, l_{n2}/3)+支座宽(第二排同第一排) \tag{4-50}$$

4.2.5 悬挑梁钢筋翻样

1. 悬挑梁上部通长筋翻样

悬挑梁通常按如下方式进行配筋，如图 4-33 所示。

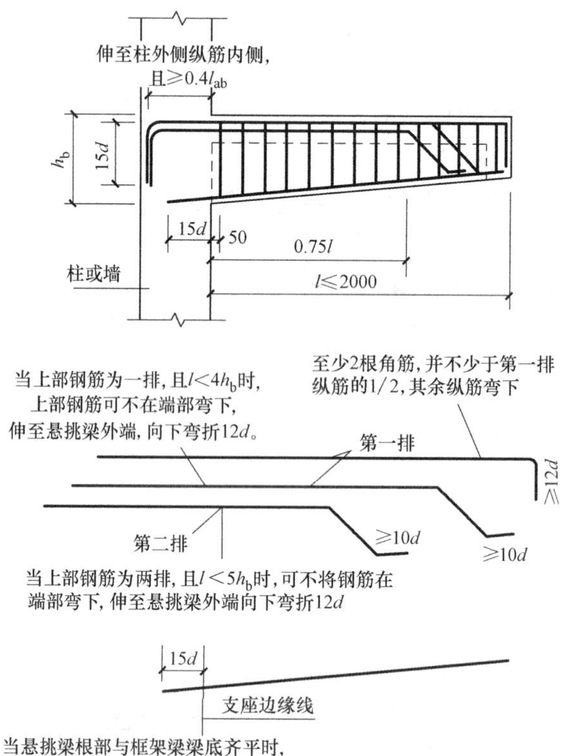

图 4-33　悬挑梁配筋图

$$悬挑梁上部通长筋长度=净跨长+左支座锚固长度+12d-保护层厚度 \tag{4-51}$$

2. 悬挑梁下部通长筋翻样计算

$$悬挑梁下部通长筋长度=净跨长+左支座锚固长度 \tag{4-52}$$

3. 端支座负筋翻样计算

$$端支座负筋长度(第一排)=\frac{净跨长}{3}+支座锚固长度 \tag{4-53}$$

$$端支座负筋长度(第二排)=\frac{净跨长}{4}+支座锚固长度 \tag{4-54}$$

4. 悬挑跨跨中钢筋翻样计算

$$悬挑跨跨中钢筋长度=\frac{第一跨净跨长}{3}+支座宽+悬挑净跨长+12d-保护层 \tag{4-55}$$

5 楼板钢筋翻样

5.1 楼板钢筋识读

5.1.1 有梁楼盖平法施工图识读

1. 有梁楼盖平法施工图的表示方法

（1）有梁楼盖板平法施工图，是在楼面板和屋面板布置图上，采用平面注写的表达方式。板平面注写主要包括板块集中标注和板支座原位标注。

（2）为方便设计表达和施工识图，规定结构平面的坐标方向如下：

1）当两向轴网正交布置时，图面从左至右为X向，从下至上为Y向；

2）当轴网转折时，局部坐标方向顺轴网转折角度做相应转折；

3）当轴网向心布置时，切向为X向，径向为Y向。

此外，对于平面布置比较复杂的区域，例如轴网转折交界区域、向心布置的核心区域等，其平面坐标方向应由设计者另行规定并且在图上明确表示。

2. 板块集中标注

（1）板块集中标注的内容包括：板块编号、板厚、上部贯通纵筋，下部纵筋，以及当板面标高不同时的标高高差。

对于普通楼面，两向均以一跨为一板块；对于密肋楼盖，两向主梁（框架梁）均以一跨为一板块（非主梁密肋不计）。所有板块应逐一编号，相同编号的板块可择其一做集中标注，其他仅注写置于圆圈内的板编号，以及当板面标高不同时的标高高差。

板块编号应符合表5-1的规定。

板块编号 **表5-1**

板类型	代号	序号
楼面板	LB	××
屋面板	WB	××
悬挑板	XB	××

板厚注写为h=×××（h为垂直于板面的厚度）；当悬挑板的端部改变截面厚度时，用斜线分隔根部与端部的高度值，注写为h=×××/×××；当设计已在图注中统一注明板厚时，此项可不注。

纵筋按板块的下部纵筋和上部贯通纵筋分别注写（当板块上部不设贯通纵筋时则不

注)，并以 B 代表下部纵筋，以 T 代表上部贯通纵筋，B&T 代表下部与上部；X 向纵筋以 X 打头，Y 向纵筋以 Y 打头，两向纵筋配置相同时则以 X&Y 打头。

当为单向板时，分布筋可不必注写，而在图中统一注明。

当在某些板内（例如在悬挑板 XB 的下部）配置有构造钢筋时，则 X 向以 Xc，Y 向以 Yc 打头注写。

当 Y 向采用放射配筋时（切向为 X 向，径向为 Y 向），设计者应注明配筋间距的定位尺寸。

当纵筋采用两种规格钢筋“隔一布一”方式时，表达为Φxx/yy@×××，表示直径为 xx 的钢筋和直径为 yy 的钢筋二者之间间距为×××，直径 xx 的钢筋的间距为×××的 2 倍，直径 yy 的钢筋的间距为×××的 2 倍。

板面标高高差是指相对于结构层楼面标高的高差，应将其注写在括号内，并且有高差则注，无高差不注。

(2) 同一编号板块的类型、板厚和纵筋均应相同，但是板面标高、跨度、平面形状以及板支座上部非贯通纵筋可以不同，若同一编号板块的平面形状可为矩形、多边形及其他形状等。施工预算时，应根据其实际平面形状，分别计算各块板的混凝土与钢材用量。

设计与施工应注意：单向或双向连续板的中间支座上部同向贯通纵筋，不应在支座位置连接或分别锚固。当相邻两跨的板上部贯通纵筋配置相同，且跨中部位有足够空间连接时，可在两跨任意一跨的跨中连接部位连接；当相邻两跨的上部贯通纵筋配置不同时，应将配置较大者越过其标注的跨数终点或起点伸至相邻跨的跨中连接区域连接。

设计应注意板中间支座两侧上部纵筋的协调配置，施工及预算应按具体设计和相应标准构造要求实施。等跨与不等跨板上部纵筋的连接有特殊要求时，其连接部位及方式应由设计者注明。对于梁板式转换层楼板，板下部纵筋在支座内的锚固长度不应小于 l_a。

当悬挑板需要考虑竖向地震作用时，下部纵筋伸入支座内长度不应小于 l_{aE}。

3. 板支座原位标注

(1) 板支座原位标注的内容包括：板支座上部非贯通纵筋和悬挑板上部受力钢筋。

板支座原位标注的钢筋，应在配置相同跨的第一跨表达（当在梁悬挑部位单独配置时则在原位表达）。在配置相同跨的第一跨（或梁悬挑部位），垂直于板支座（梁或墙）绘制一段适宜长度的中粗实线（当该筋通长设置在悬挑板或短跨板上部时，实线段应画至对边或贯通短跨），以该线段代表支座上部非贯通纵筋，并在线段上方注写钢筋编号（例如①、②等）、配筋值、横向连续布置的跨数（注写在括号内，并且当为一跨时可不注），以及是否横向布置到梁的悬挑端。

板支座上部非贯通筋自支座中线向跨内的伸出长度，注写在线段的下方位置。

当中间支座上部非贯通纵筋向支座两侧对称伸出时，可仅在支座一侧线段下方标注伸出长度，另一侧不注，如图 5-1 所示。

当向支座两侧非对称伸出时，应分别在支座两侧线段下方注写伸出长度，如图 5-2 所示。

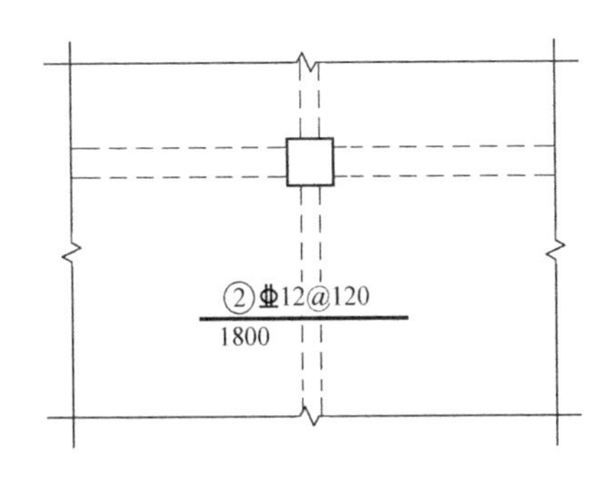

图 5-1 板支座上部非贯通筋对称伸出

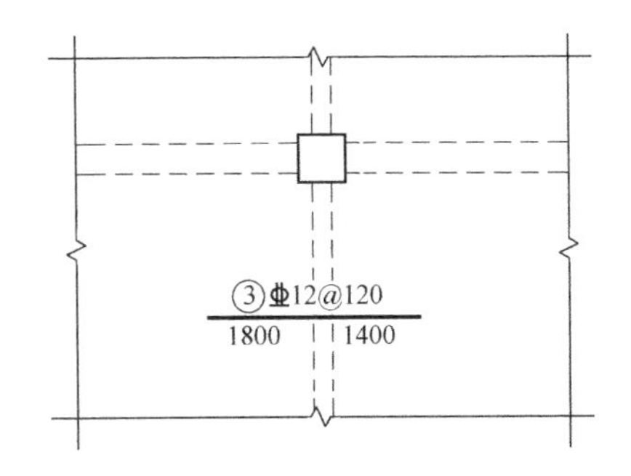

图 5-2 板支座上部非贯通筋非对称伸出

对线段画至对边贯通全跨或贯通全悬挑长度的上部通长纵筋，贯通全跨或伸出至全悬挑一侧的长度值不注，只注明非贯通筋另一侧的伸出长度值，如图 5-3 所示。

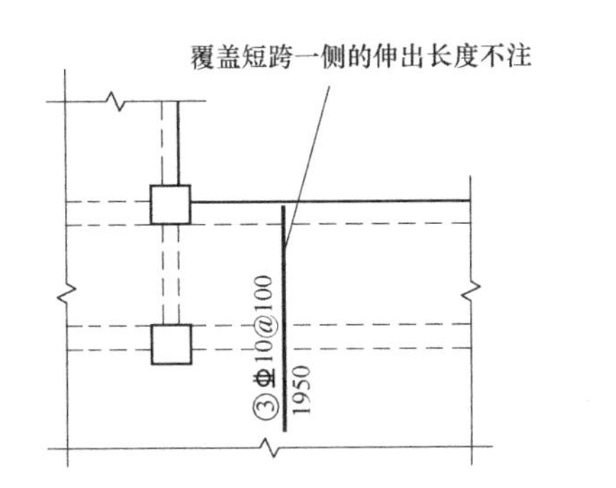

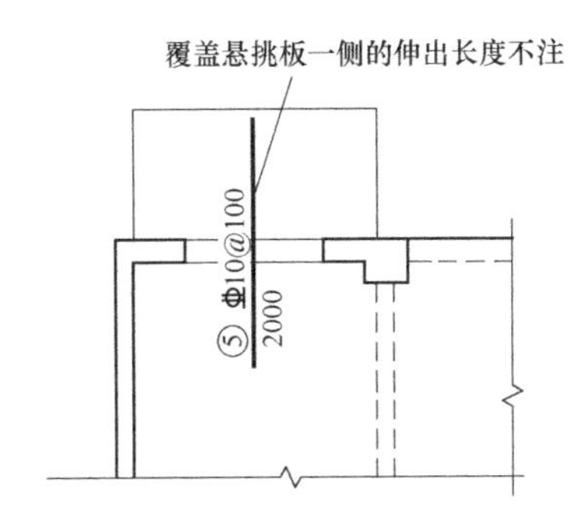

图 5-3 板支座上部非贯通筋贯通全跨或伸至悬挑端

当板支座为弧形，支座上部非贯通纵筋呈放射状分布时，设计者应注明配筋间距的度量位置并加注“放射分布”四字，必要时应补绘平面配筋图，如图 5-4 所示。

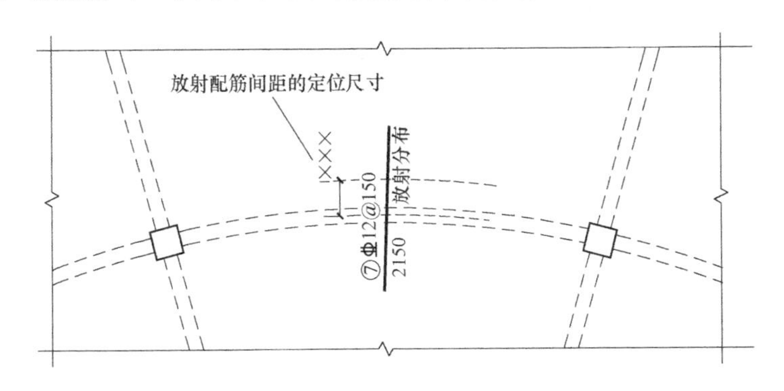

图 5-4 弧形支座处放射配筋

关于悬挑板的注写方式如图 5-5 所示。当悬挑板端部厚度不小于 150mm 时，设计者应指定板端部封边构造方式，当采用 U 形钢筋封边时，尚应指定 U 形钢筋的规格、直径。

在板平面布置图中，不同部位板支座上部非贯通纵筋及悬挑板上部受力钢筋，可仅在

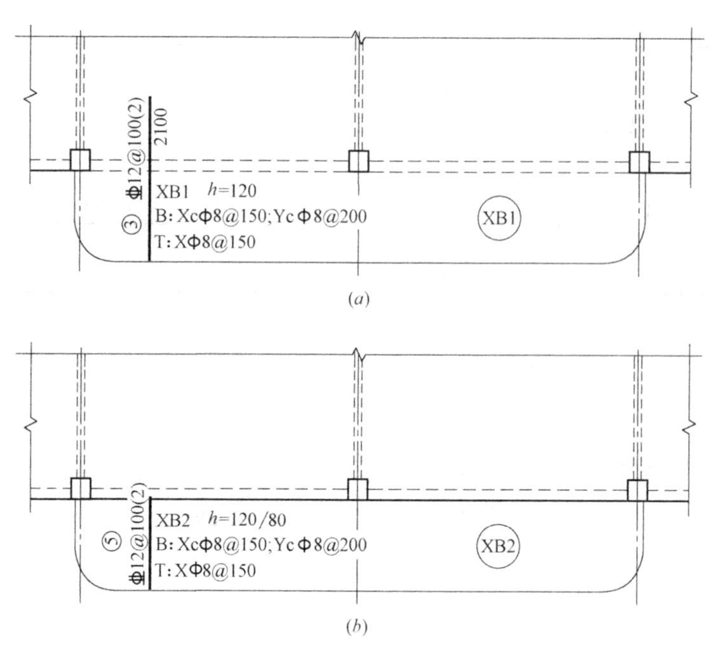

图 5-5 悬挑板支座非贯通筋

一个部位注写，对其他相同者则仅需在代表钢筋的线段上注写编号及按本条规则注写横向连续布置的跨数即可。

此外，与板支座上部非贯通纵筋垂直且绑扎在一起的构造钢筋或分布钢筋，应由设计者在图中注明。

(2) 当板的上部已配置有贯通纵筋，但需增配板支座上部非贯通纵筋时，应结合已配置的同向贯通纵筋的直径与间距采取“隔一布一”方式配置。

“隔一布一”方式，为非贯通纵筋的标注间距与贯通纵筋相同，两者组合后的实际间距为各自标注间距的 1/2。当设定贯通纵筋为纵筋总截面面积的 50%时，两种钢筋应取相同直径；当设定贯通纵筋大于或小于总截面面积的 50%时，两种钢筋则取不同直径。

施工应注意：当支座一侧设置了上部贯通纵筋（在板集中标注中以 T 打头），而在支座另一侧仅设置了上部非贯通纵筋时，如果支座两侧设置的纵筋直径、间距相同，应将二者连通，避免各自在支座上部分别锚固。

4. 其他

(1) 当悬挑板需要考虑竖向地震作用时，设计应注明该悬挑板纵向钢筋抗震锚固长度按何种抗震等级。

(2) 板上部纵向钢筋在端支座（梁、剪力墙顶）锚固要求：当设计按铰接时，平直段伸至端支座对边后弯折，且平直段长度≥$0.35l_{ab}$，弯折段投影长度 $15d$（d 为纵向钢筋直径）；当充分利用钢筋的抗拉强度时，平直段伸至端支座对边后弯折，且平直段长度≥$0.6l_{ab}$，弯折段投影长度 $15d$。设计者应在平法施工图中注明采用何种构造，当多数采用同种构造时可在图注中写明，并将少数不同之处在图中注明。

（3）板支承在剪力墙顶的端节点，当设计考虑墙外侧竖向钢筋与板上部纵向受力钢筋搭接传力时，应满足搭接长度要求，设计者应在平法施工图中注明。

（4）板纵向钢筋的连接可采用绑扎搭接、机械连接或焊接。当板纵向钢筋采用非接触方式的搭接连接时，其搭接部位的钢筋净距不宜小于 30mm，且钢筋中心距不应大于 $0.2l_l$ 及 150mm 的较小者。

注：非接触搭接使混凝土能够与搭接范围内所有钢筋的全表面充分粘接，可以提高搭接钢筋之间通过混凝土传力的可靠度。

（5）采用平面注写方式表达的楼面板平法施工图示例，如图 5-6 所示。

5.1.2 无梁楼盖平法施工图识读

1. 无梁楼盖平法施工图的表示方法

（1）无梁楼盖平法施工图是在楼面板和屋面板布置图上，采用平面注写的表达方式。

（2）板平面注写主要有板带集中标注、板带支座原位标注两部分内容。

2. 板带集中标注

（1）集中标注应在板带贯通纵筋配置相同跨的第一跨（X 向为左端跨，Y 向为下端跨）注写。相同编号的板带可择其一做集中标注，其他仅注写板带编号（注在圆圈内）。

板带集中标注的具体内容为：板带编号，板带厚及板带宽和贯通纵筋。

板带编号应符合表 5-2 的规定。

板带编号 **表 5-2**

板带类型	代号	序号	跨数及有无悬挑
柱上板带	ZSB	××	(××)、(××A)或(××B)
跨中板带	KZB	××	(××)、(××A)或(××B)

注：1. 跨数按柱网轴线计算（两相邻柱轴线之间为一跨）。
2.（××A）为一端有悬挑，（××B）为两端有悬挑，悬挑不计入跨数。

板带厚注写为 h=×××，板带宽注写为 b=×××。当无梁楼盖整体厚度和板带宽度已在图中注明时，此项可不注。

贯通纵筋按板带下部和板带上部分别注写，并以 B 代表下部，T 代表上部，B&T 代表下部和上部。当采用放射配筋时，设计者应注明配筋间距的度量位置，必要时补绘配筋平面图。

设计与施工应注意：相邻等跨板带上部贯通纵筋应在跨中 1/3 净跨长范围内连接；当同向连续板带的上部贯通纵筋配置不同时，应将配置较大者越过其标注的跨数终点或起点伸至相邻跨的跨中连接区域连接。

设计应注意板带中间支座两侧上部贯通纵筋的协调配置，施工及预算应按具体设计和相应标准构造要求实施。等跨与不等跨板上部贯通纵筋的连接构造要求见相关标准构造详图；当具体工程对板带上部纵向钢筋的连接有特殊要求时，其连接部位及方式应由设计者注明。

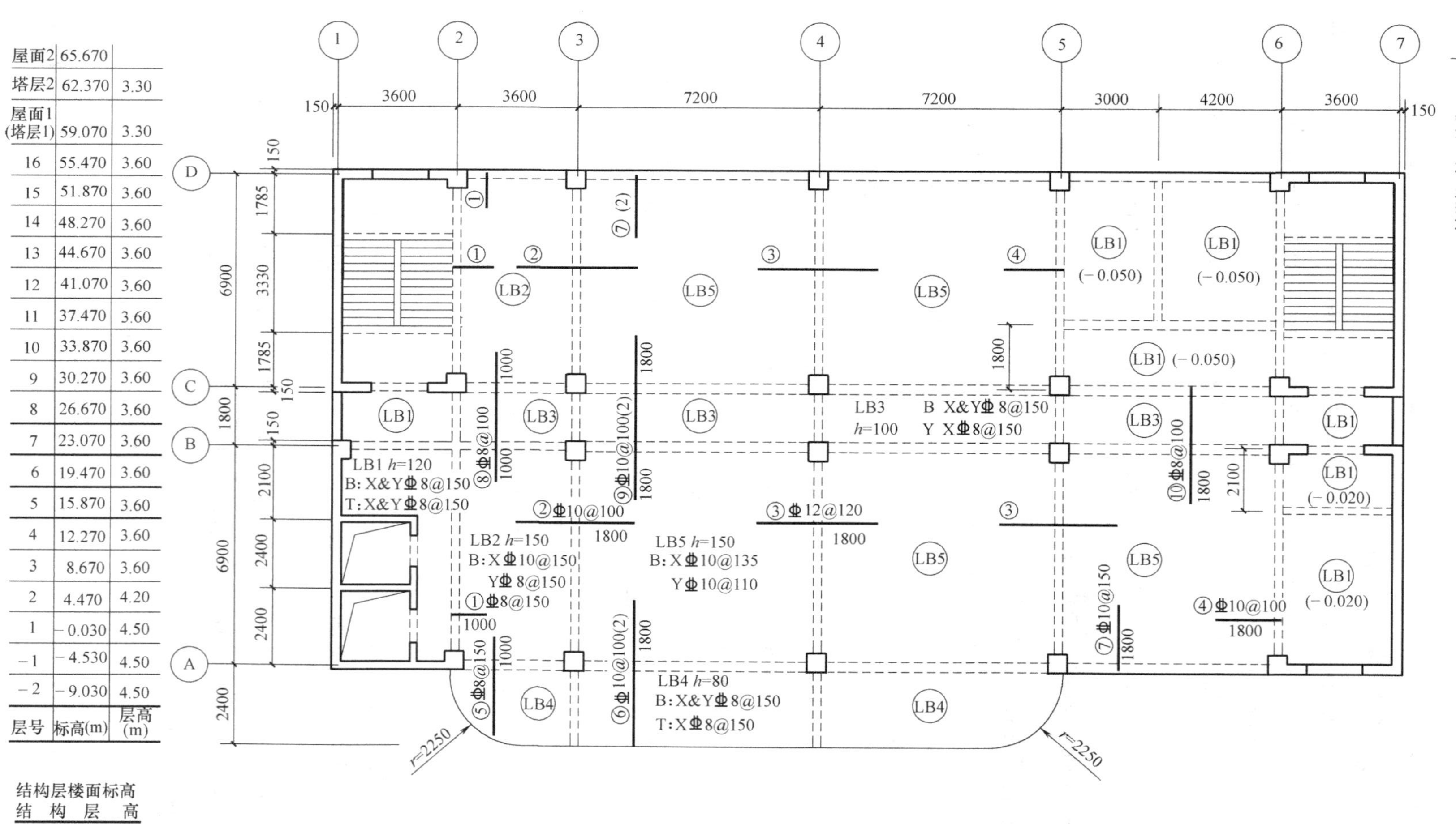

屋面2	65.670	
塔层2	62.370	3.30
屋面1 (塔层1)	59.070	3.30
16	55.470	3.60
15	51.870	3.60
14	48.270	3.60
13	44.670	3.60
12	41.070	3.60
11	37.470	3.60
10	33.870	3.60
9	30.270	3.60
8	26.670	3.60
7	23.070	3.60
6	19.470	3.60
5	15.870	3.60
4	12.270	3.60
3	8.670	3.60
2	4.470	4.20
1	−0.030	4.50
−1	−4.530	4.50
−2	−9.030	4.50
层号	标高(m)	层高 (m)

结构层楼面标高
结构层高

图 5-6　有梁楼盖平法施工图示例

注：可在结构层楼面标高、结构层高表中加设混凝土强度等级等栏目。

（2）当局部区域的板面标高与整体不同时，应在无梁楼盖的板平法施工图上注明板面标高高差及分布范围。

3. 板带支座原位标注

（1）板带支座原位标注的具体内容为：板带支座上部非贯通纵筋。

以一段与板带同向的中粗实线段代表板带支座上部非贯通纵筋；对柱上板带，实线段贯穿柱上区域绘制；对跨中板带：实线段横贯柱网轴线绘制。在线段上注写钢筋编号（例如①、②等）、配筋值及在线段的下方注写自支座中线向两侧跨内的伸出长度。

当板带支座非贯通纵筋自支座中线向两侧对称伸出时，其伸出长度可仅在一侧标注；当配置在有悬挑端的边柱上时，该筋伸出到悬挑尽端，设计不注。当支座上部非贯通纵筋呈放射分布时，设计者应注明配筋间距的定位位置。

不同部位的板带支座上部非贯通纵筋相同者，可仅在一个部位注写，其余则在代表非贯通纵筋的线段上注写编号。

（2）当板带上部已经配有贯通纵筋，但需增加配置板带支座上部非贯通纵筋时，应结合已配同向贯通纵筋的直径与间距，采取“隔一布一”的方式配置。

4. 暗梁的表示方法

（1）暗梁平面注写包括暗梁集中标注、暗梁支座原位标注两部分内容。施工图中在柱轴线处画中粗虚线表示暗梁。

（2）暗梁集中标注包括暗梁编号、暗梁截面尺寸（箍筋外皮宽度×板厚）、暗梁箍筋、暗梁上部通长筋或架立筋四部分内容。暗梁编号应符合表 5-3 的规定。

暗梁编号 **表 5-3**

构件类型	代号	序号	跨数及有无悬挑
暗梁	AL	××	(××)、(××A)或(××B)

注：1. 跨数按柱网轴线计算（两相邻柱轴线之间为一跨）。
2. (××A) 为一端有悬挑，(××B) 为两端有悬挑，悬挑不计入跨数。

（3）暗梁支座原位标注包括梁支座上部纵筋、梁下部纵筋。当在暗梁上集中标注的内容不适用于某跨或某悬挑端时，则将其不同数值标注在该跨或该悬挑端，施工时按原位注写取值。

（4）当设置暗梁时，柱上板带及跨中板带标注方式与板带集中标注和板支座原位标注的内容一致。柱上板带标注的配筋仅设置在暗梁之外的柱上板带范围内。

（5）暗梁中纵向钢筋连接、锚固及支座上部纵筋伸出长度等要求同轴线处柱上板带中纵向钢筋。

5. 其他

（1）当悬挑板需要考虑竖向地震作用时，设计应注明该悬挑板纵向钢筋抗震锚固长度按何种抗震等级。

（2）无梁楼盖板纵向钢筋的锚固和搭接需满足受拉钢筋的要求。

（3）无梁楼盖跨中板带上部纵向钢筋在梁端支座的锚固要求：当设计按铰接时，平直段伸至端支座对边后弯折，且平直段长度≥$0.35l_{ab}$，弯折段投影长度 $15d$（d 为纵向钢筋直径）；当充分利用钢筋的抗拉强度时，直段伸至端支座对边后弯折，且平直段长度≥$0.6l_{ab}$，弯折段投影长度 $15d$。设计者应在平法施工图中注明采用何种构造，当多数采用同种构造时可在图注中写明，并将少数不同之处在图中注明。

（4）无梁楼盖跨中板带支承在剪力墙顶的端节点，当板上部纵向钢筋充分利用钢筋的抗拉强度时（锚固在支座中），直段伸至端支座对边后弯折，且平直段长度≥$0.6l_{ab}$，弯折段投影长度 $15d$；当设计考虑墙外侧竖向钢筋与板上部纵向受力钢筋搭接传力时，应满足搭接长度要求；设计者应在平法施工图中注明采用何种构造，当多数采用同种构造时可在图注中写明，并将少数不同之处在图中注明。

（5）板纵向钢筋的连接可采用绑扎搭接、机械连接或焊接。当板纵向钢筋采用非接触方式的绑扎搭接连接时，其搭接部位的钢筋净距不宜小于 30mm，且钢筋中心距不应大于 $0.2l_l$ 及 150mm 的较小者。

注：非接触搭接使混凝土能够与搭接范围内所有钢筋的全表面充分粘接，可以提高搭接钢筋之间通过混凝土传力的可靠度。

（6）上述关于无梁楼盖的板平法制图规则，同样适用于地下室内无梁楼盖的平法施工图设计。

（7）采用平面注写方式表达的无梁楼盖柱上板带、跨中板带及暗梁标注图示，如图 5-7 所示。

5.1.3 楼板相关构造平法施工图识读

1. 楼板相关构造类型与表示方法

（1）楼板相关构造的平法施工图设计是在板平法施工图上采用直接引注方式表达。

（2）楼板相关构造编号应符合表 5-4 的规定。

楼板相关构造类型与编号　　表 5-4

构造类型	代号	序号	说明
纵筋加强带	JQD	××	以单向加强纵筋取代原位置配筋
后浇带	HJD	××	有不同的留筋方式
柱帽	ZM×	××	适用于无梁楼盖
局部升降板	SJB	××	板厚及配筋与所在板相同；构造升降高度≤300mm
板加腋	JY	××	腋高与腋宽可选注
板开洞	BD	××	最大边长或直径＜1000mm；加强筋长度有全跨贯通和自洞边锚固两种
板翻边	FB	××	翻边高度≤300mm
角部加强筋	Crs	××	以上部双向非贯通加强钢筋取代原位置的非贯通配筋
悬挑板阴角附加筋	Cis	××	板悬挑阴角上部斜向附加钢筋
悬挑板阳角放射筋	Ces	××	板悬挑阳角上部放射筋
抗冲切箍筋	Rh	××	通常用于无柱帽无梁楼盖的柱顶
抗冲切弯起筋	Rb	××	

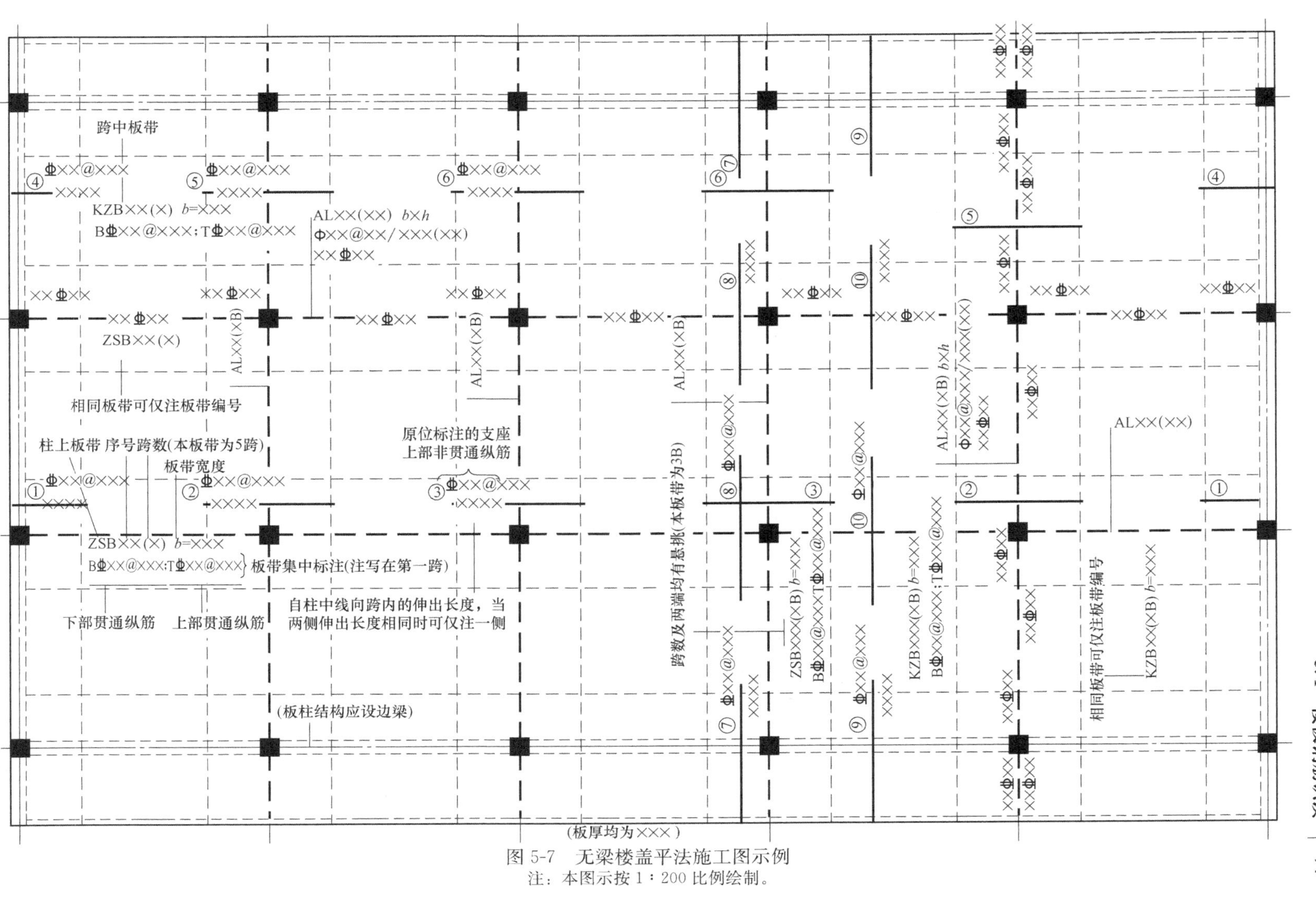

图 5-7 无梁楼盖平法施工图示例

注：本图示按 1：200 比例绘制。

2. 楼板相关构造直接引注

（1）纵筋加强带JQD的引注。纵筋加强带的平面形状及定位由平面布置图表达，加强带内配置的加强贯通纵筋等由引注内容表达。

纵筋加强带设单向加强贯通纵筋，取代其所在位置板中原配置的同向贯通纵筋。根据受力需要，加强贯通纵筋可在板下部配置，也可在板下部和上部均设置。纵筋加强带的引注如图5-8所示。

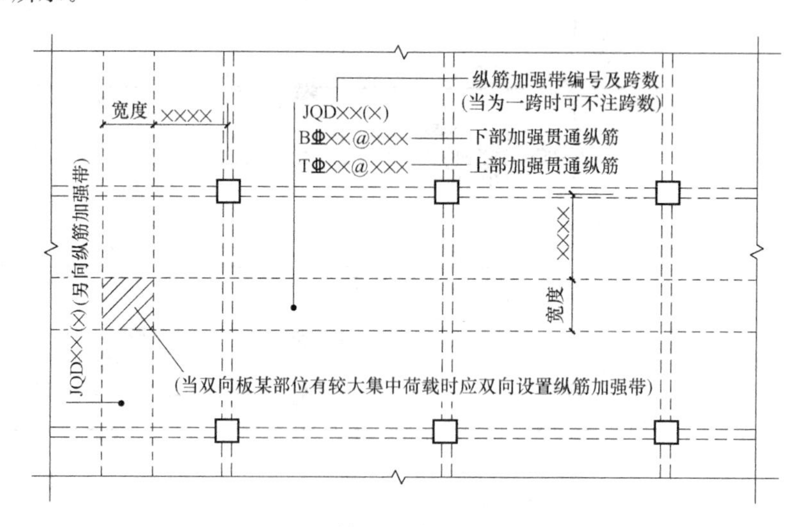

图5-8 纵筋加强带JQD引注图示

当板下部和上部均设置加强贯通纵筋，而板带上部横向无配筋时，加强带上部横向配筋应由设计者注明。

当将纵筋加强带设置为暗梁型式时应注写箍筋，其引注如图5-9所示。

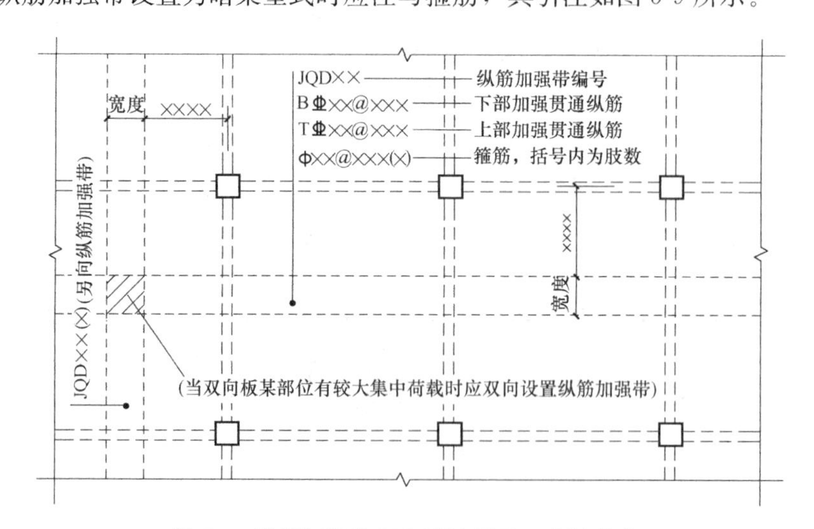

图5-9 纵筋加强带JQD引注图示（暗梁形式）

（2）后浇带HJD的引注。后浇带的平面形状以及定位由平面布置图表达，后浇带留筋方式等由引注内容表达，包括：

1）后浇带编号以及留筋方式代号。后浇带的两种留筋方式，分别为：贯通和100%搭接。

2）后浇混凝土的强度等级C××。宜采用补偿收缩混凝土，设计应注明相关施工要求。

3）当后浇带区域留筋方式或后浇混凝土强度等级不一致时，设计者应在图中注明与图示不一致的部位及做法。

后浇带引注如图5-10所示。

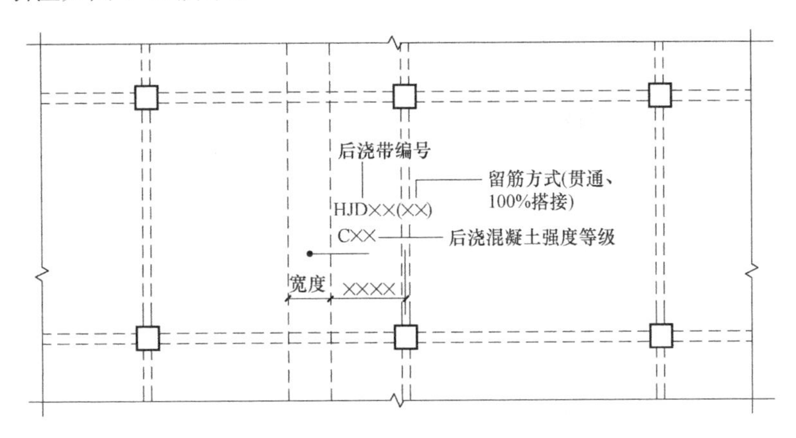

图5-10　后浇带HJD引注图示

贯通钢筋的后浇带宽度通常取大于或等于800mm；100%搭接钢筋的后浇带宽度通常取800mm与（l_l+60或l_{lE}+60）的较大值（l_l、l_{lE}分别为受拉钢筋搭接长度、受拉钢筋抗震搭接长度）。

（3）柱帽ZM×的引注见图5-11～图5-14。柱帽的平面形状包括矩形、圆形或多边形等，其平面形状由平面布置图表达。

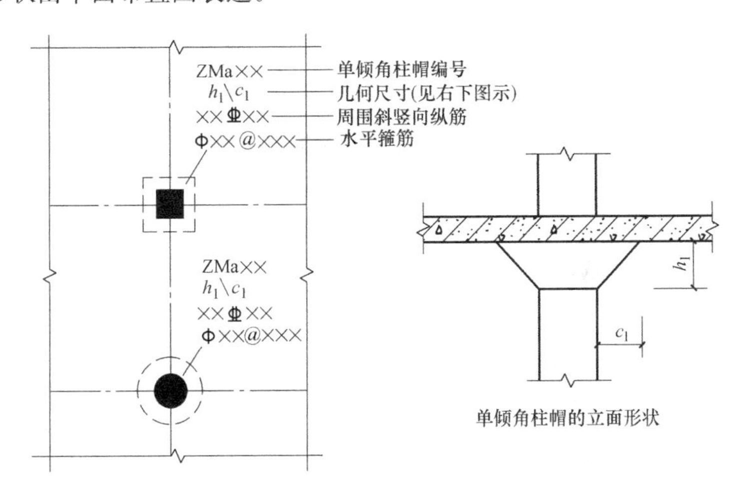

图5-11　单倾角柱帽ZMa引注图示

柱帽的立面形状有单倾角柱帽ZMa（图5-11）、托板柱帽ZMb（图5-12）、变倾角柱帽 ZMc（图 5-13）和倾角托板柱帽 ZMab（图 5-14）等，其立面几何尺寸和配筋由具体的引注内容表达。图中 c_1、c_2 当 X、Y 方向不一致时，应标注（$c_{1,X}$，$c_{1,Y}$）、（$c_{2,X}$，$c_{2,Y}$）。

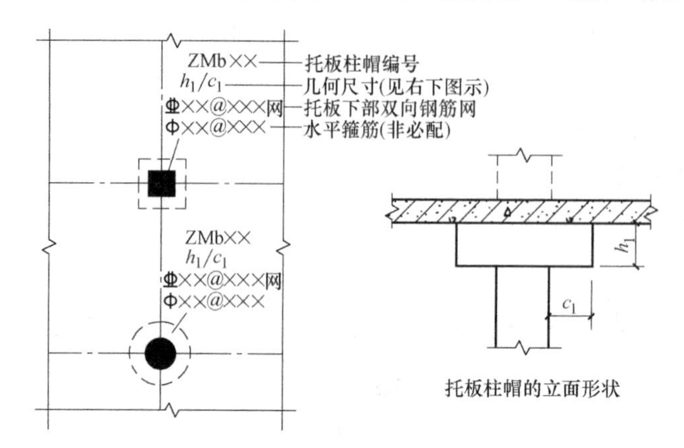

图 5-12　托板柱帽 ZMb 引注图示

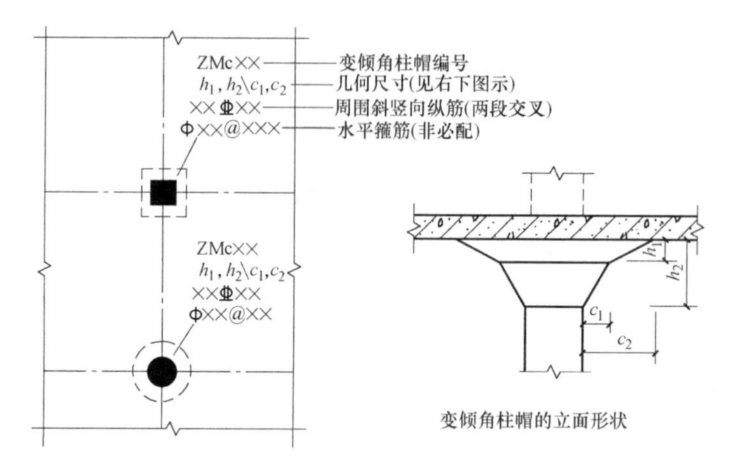

图 5-13　变倾角柱帽 ZMc 引注图示

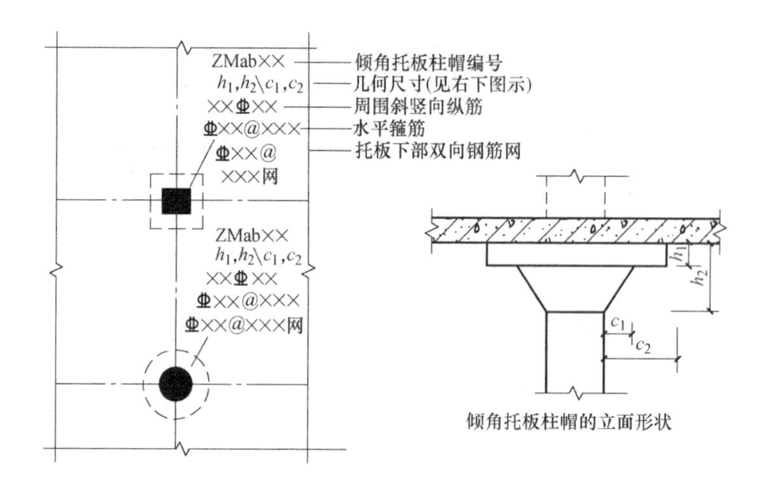

图 5-14　倾角托板柱帽 ZMab 引注图示

（4）局部升降板 SJB 的引注见图 5-15。局部升降板的平面形状及定位由平面布置图表达，其他内容由引注内容表达。

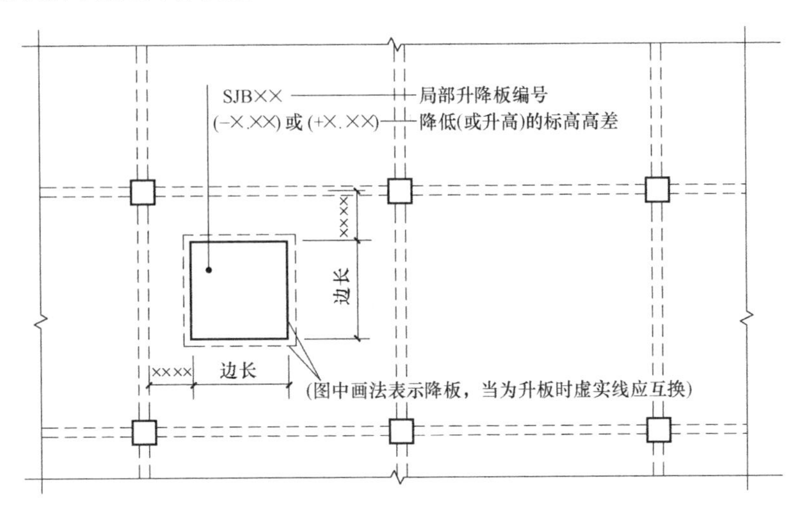

图 5-15　局部升降板 SJB 引注图示

局部升降板的板厚、壁厚和配筋，在标准构造详图中取与所在板块的板厚和配筋相同，设计不注；当采用不同板厚、壁厚和配筋时，设计应补充绘制截面配筋图。

局部升降板升高与降低的高度，在标准构造详图中限定为小于或等于 300mm，当高度大于 300mm 时，设计应补充绘制截面配筋图。

设计应注意：局部升降板的下部与上部配筋均应设计为双向贯通纵筋。

（5）板加腋 JY 的引注见图 5-16。板加腋的位置与范围由平面布置图表达，腋宽、腋高及配筋等由引注内容表达。

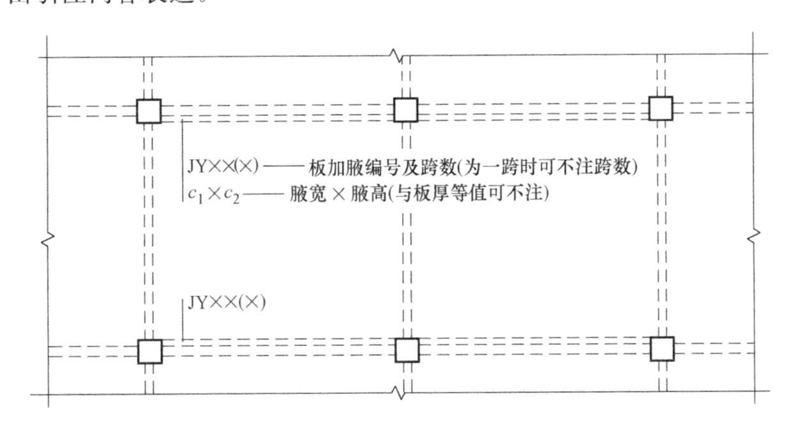

图 5-16　板加腋 JY 引注图示

当为板底加腋时，腋线应为虚线，当为板面加腋时，腋线应为实线；当腋宽与腋高同板厚时，设计不注。加腋配筋按标准构造，设计不注；当加腋配筋与标准构造不同时，设计应补充绘制截面配筋图。

（6）板开洞 BD 的引注见图 5-17。板开洞的平面形状及定位由平面布置图表达，洞的几何尺寸等由引注内容表达。

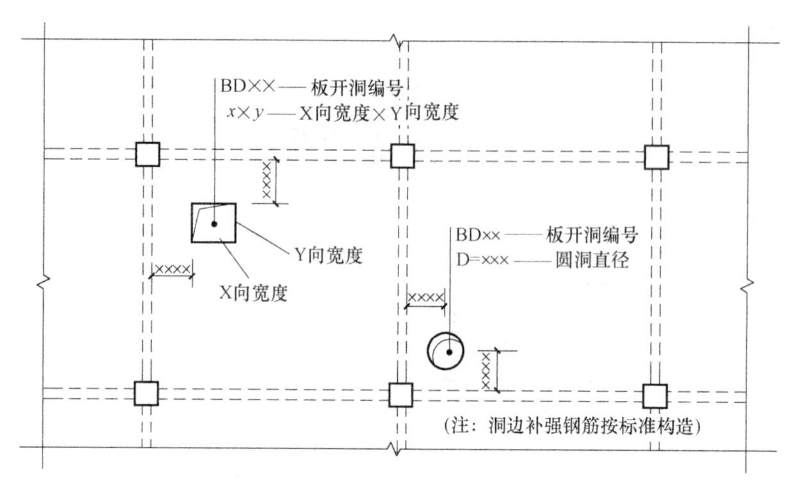

图 5-17 板开洞 BD 引注图示

当矩形洞口边长或圆形洞口直径小于或等于 1000mm，并且当洞边无集中荷载作用时，洞边补强钢筋可按标准构造的规定设置，设计不注；当洞口周边加强钢筋不伸至支座时，应在图中画出所有加强钢筋，并且标注不伸至支座的钢筋长度。当具体工程所需要的补强钢筋与标准构造不同时，设计应加以注明。

当矩形洞口边长或圆形洞口直径大于 1000mm，或虽小于或等于 1000mm 但是洞边有集中荷载作用时，设计应根据具体情况采取相应的处理措施。

(7) 板翻边 FB 的引注见图 5-18。板翻边可为上翻也可为下翻，翻边尺寸等在引注内容中表达，翻边高度在标准构造详图中为小于或等于 300mm。当翻边高度大于 300mm 时，由设计者自行处理。

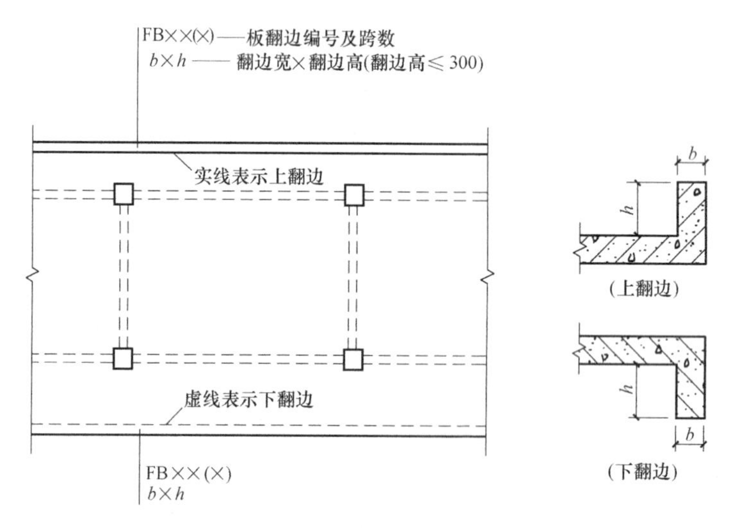

图 5-18 板翻边 FB 引注图示

(8) 角部加强筋 Crs 的引注如图 5-19 所示。角部加强筋一般用于板块角区的上部，根据规范规定的受力要求选择配置。角部加强筋将在其分布范围内取代原配置的板支座上部非贯通纵筋，且当其分布范围内配有板上部贯通纵筋时则间隔布置。

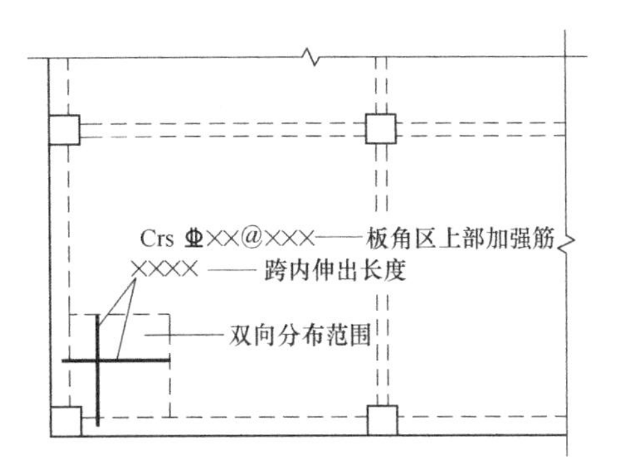

图 5-19 角部加强筋 Crs 引注图示

（9）悬挑板阴角附加筋 Cis 的引注见图 5-20。悬挑板阴角附加筋系指在悬挑板的阴角部位斜放的附加钢筋，该附加钢筋设置在板上部悬挑受力钢筋的下面。

（10）悬挑板阳角附加筋 Ces 的引注如图 5-21所示。

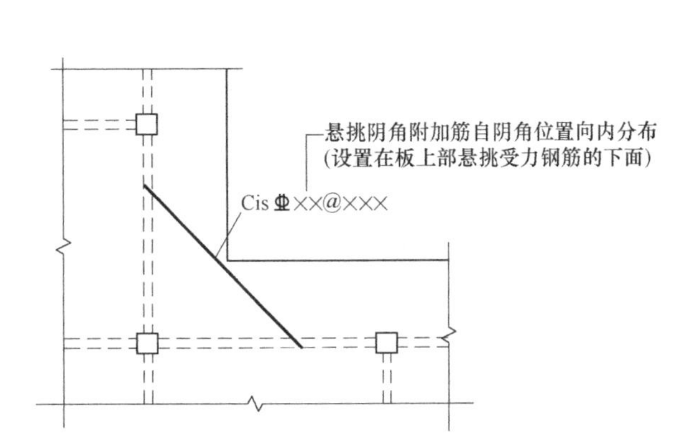

图 5-20 悬挑板阴角附加筋 Cis 引注图示

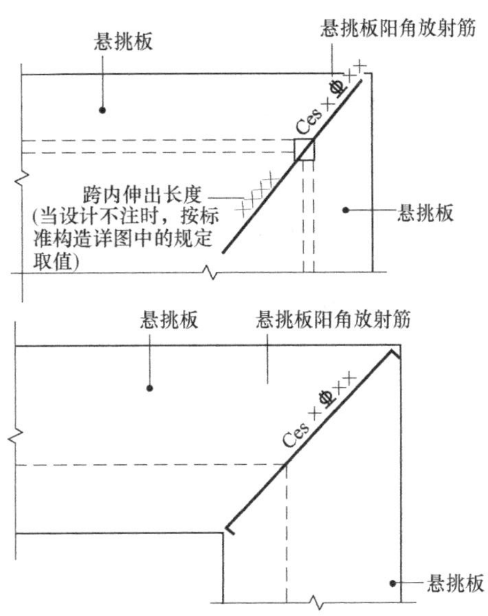

图 5-21 悬挑板阳角附加筋 Ces 引注图示

（11）抗冲切箍筋 Rh 的引注如图 5-22 所示。抗冲切箍筋一般在无柱帽无梁楼盖的柱顶部位设置。

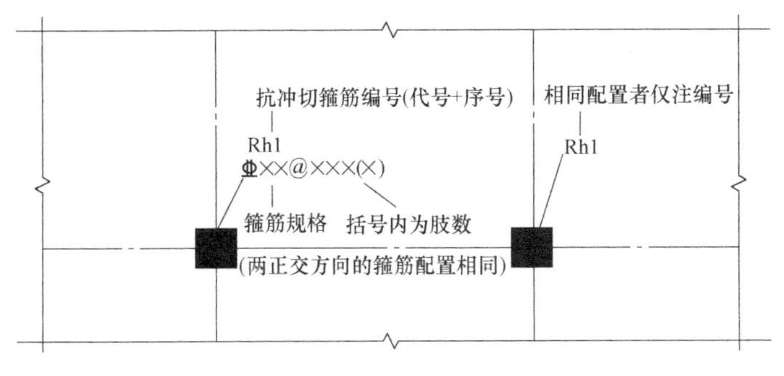

图 5-22 抗冲切箍筋 Rh 引注图示

(12) 抗冲切弯起筋 Rb 的引注如图 5-23 所示。抗冲切弯起筋一般也在无柱帽无梁楼盖的柱顶部位设置。

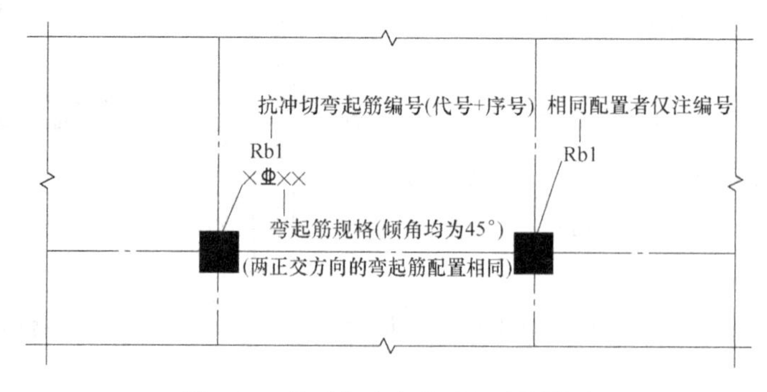

图 5-23 抗冲切弯起筋 Rb 引注图示

5.2 楼板钢筋翻样方法与技巧

5.2.1 柱上板带、跨中板带底筋翻样计算

1. 柱上板带

柱上板带纵向钢筋构造如图 5-24 所示，柱上板带底筋翻样简图如图 5-25 所示。

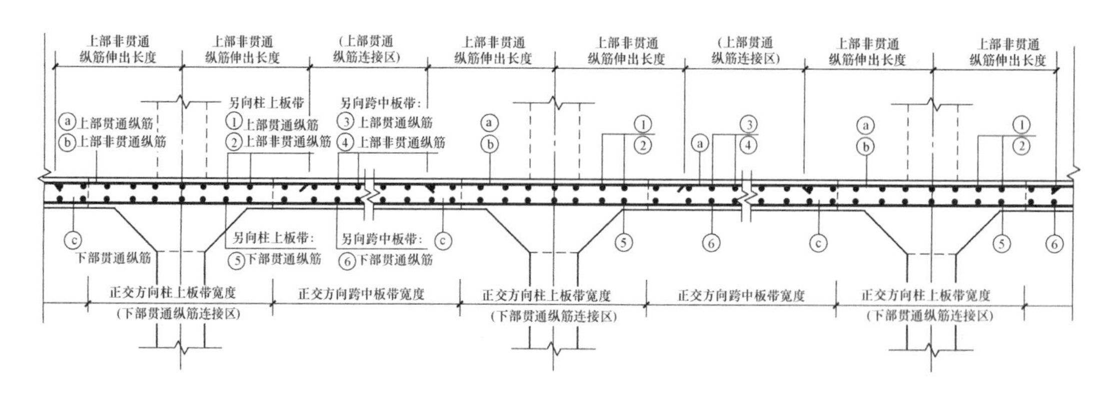

图 5-24 柱上板带纵向钢筋构造

$$底筋长度=板跨净长+2\times l_a+2\times 弯钩(底筋为\ HPB300级钢筋) \quad (5\text{-}1)$$

2. 跨中板带

跨中板带纵向钢筋构造如图 5-26 所示，跨中板带底筋翻样简图如图 5-27 所示。

$$底筋长度=板跨净长+2\times \max(0.5h_c,12d)+2\times 弯钩(底筋为\ HPB300级钢筋) \quad (5\text{-}2)$$

5.2.2 悬挑板钢筋翻样

悬挑板钢筋构造如图 5-28 所示。

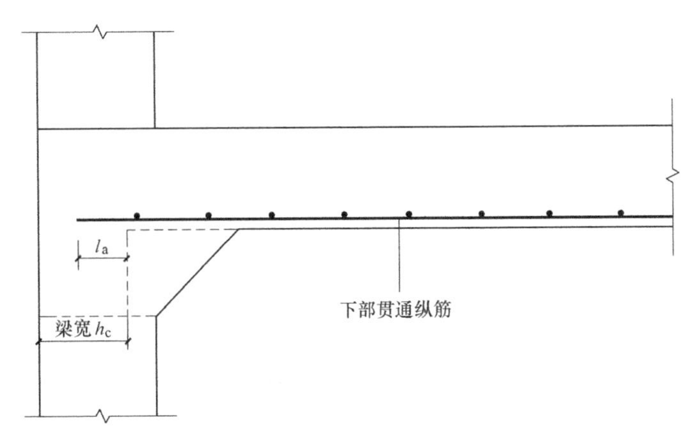

图 5-25 柱上板带底筋翻样简图

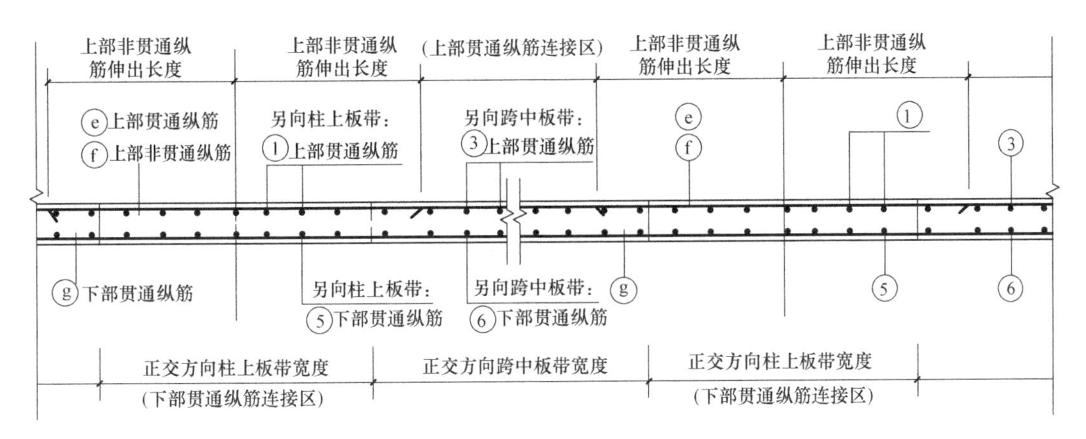

图 5-26 跨中板带 KZB 纵向钢筋构造

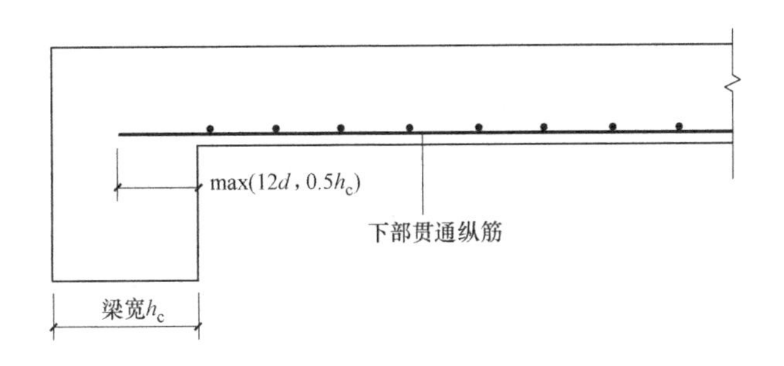

图 5-27 跨中板带底筋翻样简图

1. 纯悬挑板上部受力钢筋翻样

纯悬挑板上部受力钢筋如图 5-29 所示。

(1) 上部受力钢筋的计算公式

上部受力钢筋长度＝锚固长度＋水平段长度＋(板厚－保护层×2＋5d)　　(5-3)

注：当为一级钢筋时需要增加一个 180°弯钩长度。

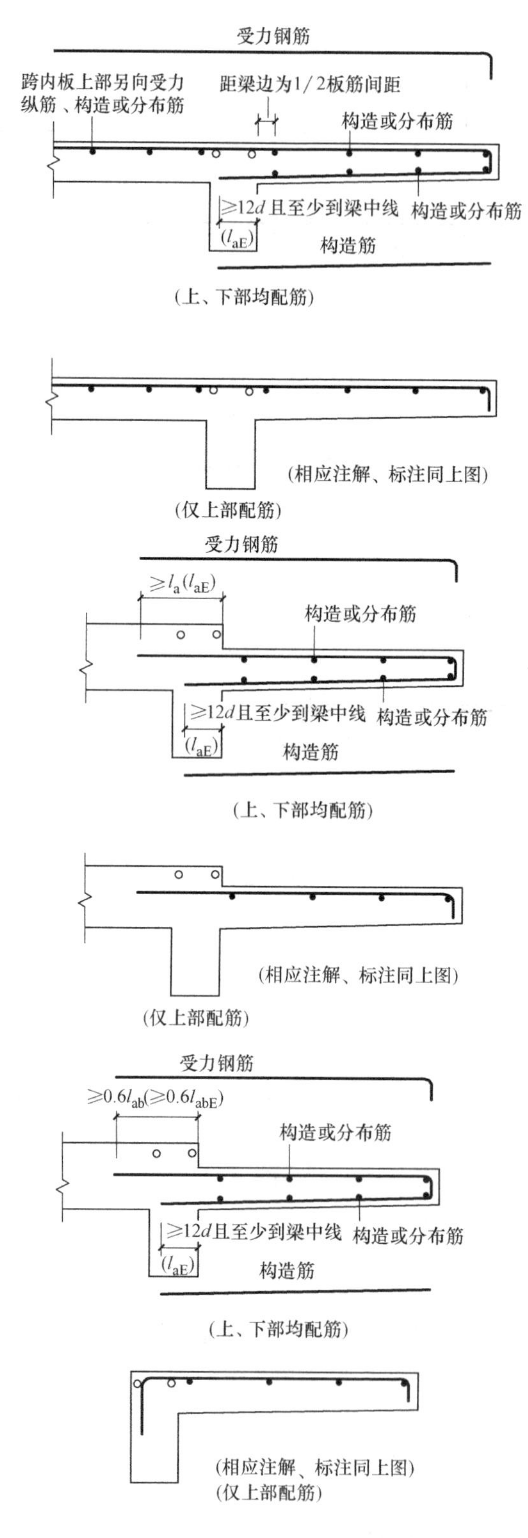

图 5-28　悬挑板钢筋构造

注：括号中数值用于需考虑竖向地震作用时（由设计明确）。

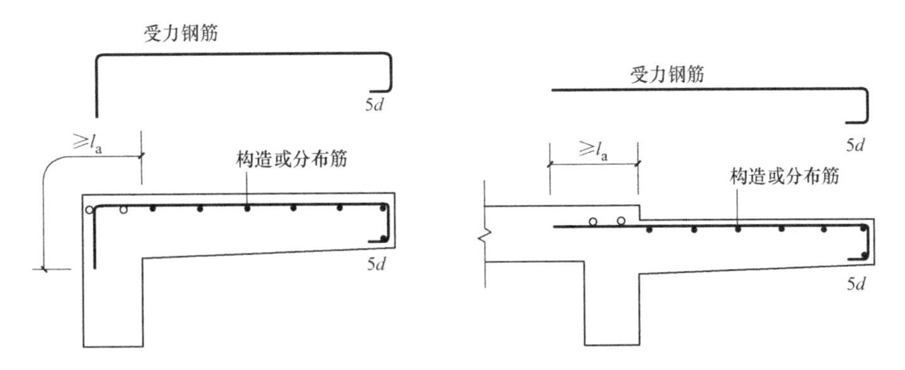

图 5-29 纯悬挑板上部受力钢筋

（2）上部受力钢筋根数的计算公式

$$上部受力钢筋根数=\frac{挑板长度-保护层\times 2}{间距}+1 \tag{5-4}$$

2. 纯悬挑板分布筋翻样计算

（1）分布筋长度计算公式

$$分布筋长度=水平长度 \tag{5-5}$$

（2）分布筋根数计算公式

$$分布筋根数=\frac{布筋范围}{布筋间距}+1 \tag{5-6}$$

3. 纯悬挑板下部钢筋翻样

为纯悬挑板（双层钢筋）时，除需要计算上部受力钢筋的长度和根数、分布筋的长度和根数以外，还需要计算下部构造钢筋长度和根数及分布筋的长度和根数，如图 5-30 所示。

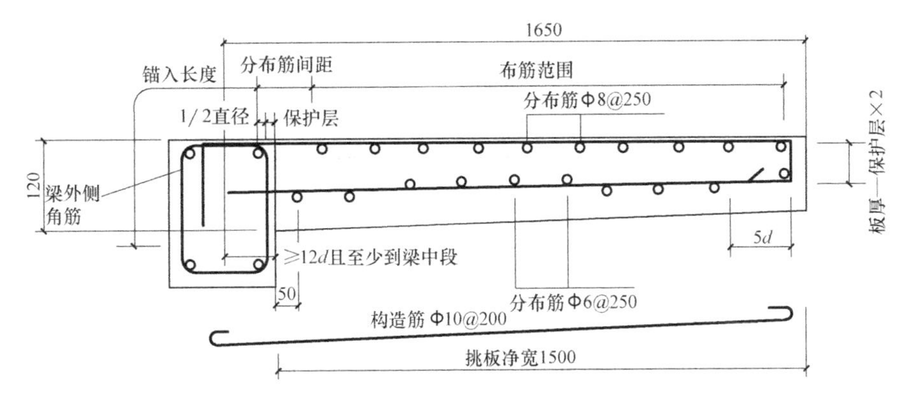

图 5-30 挑板下部钢筋计算图

（1）纯悬挑板下部构造钢筋长度计算公式

$$纯悬挑板下部构造钢筋长度=纯悬挑板净长-保护层+\max(12d,\frac{支座宽}{2})+弯钩 \tag{5-7}$$

（2）纯悬挑板下部构造钢筋根数计算公式

$$纯悬挑板下部构造钢筋根数=\frac{挑板长度-保护层\times 2}{间距}+1 \quad (5\text{-}8)$$

【例 5-1】 纯悬挑板下部构造筋如图 5-30 所示，计算下部构造筋长度及根数。

【解】

纯悬挑板净长=1650−150

=1500mm

$$纯悬挑板下部构造筋长度=纯悬挑板净长-保护层+\max\left(12d,\frac{支座宽}{2}\right)+弯钩$$

$$=1500-15+\max\left(120,\frac{300}{2}\right)+6.25\times 10$$

=1698mm

$$纯悬挑板下部受力钢筋根数=\frac{挑板长度-保护层\times 2}{间距}+1$$

$$=\frac{6750-15\times 2}{200}+1$$

=35根

【例 5-2】 根据图 5-31 计算纯悬挑板上部受力钢筋的长度和根数。

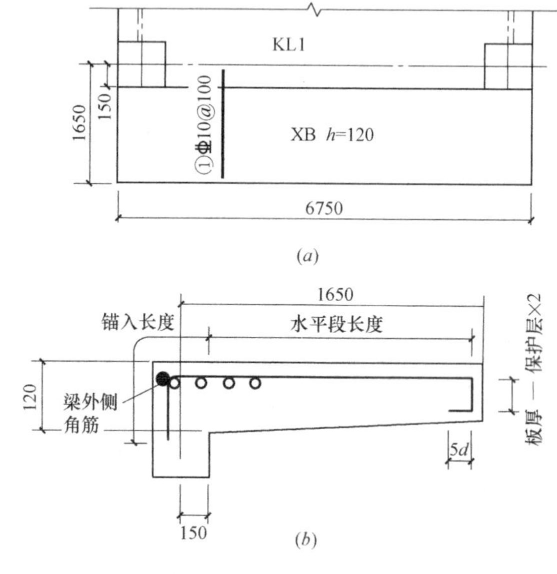

图 5-31 上部受力钢筋

（a）纯悬挑板平面图；（b）纯悬挑板钢筋剖面

【解】

上部受力钢筋水平段长度=悬挑板净跨长−保护层

=(1650−150)−15

=1485mm

纯悬挑板上部受力钢筋长度＝锚固长度＋水平段长度＋（板厚－保护层×2＋5d）＋弯钩

$=\max(24d,250)+1485+(120-15\times2+5d)+6.25d$

$=250+1485+(120-15\times2+5\times10)+6.25\times10$

$=1932.5\text{mm}$

纯悬挑板上部受力钢筋根数$=\dfrac{\text{悬挑板长度}-\text{板保护层 }c\times2}{\text{上部受力钢筋间距}}+1$

$=\dfrac{6750-15\times2}{100}+1$

$=69$根

5.2.3 折板钢筋翻样计算

折板配筋构造如图 5-32 所示。

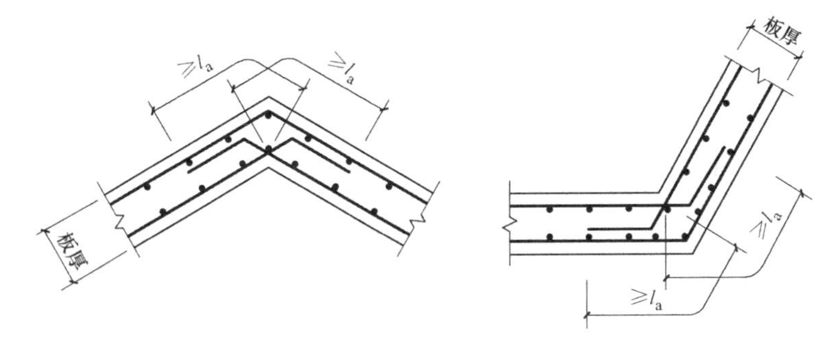

图 5-32 折板配筋构造

外折角纵筋连续通过。当角度 $\alpha\geqslant160°$时，内折角纵筋连续通过。当角度 $\alpha<160°$时，阳角折板下部纵筋和阴角上部纵筋在内折角处交叉锚固。如果纵向受力钢筋在内折角处连续通过，纵向受力钢筋的合力会使内折角处板的混凝土保护层向外崩出，从而使钢筋失去粘结锚固力（钢筋和混凝土之间的粘结锚固力是钢筋和混凝土能够共同工作的基础），最终可能导致折断而破坏。

$$\text{底筋长度}=\text{板跨净长}+2\times l_a \tag{5-9}$$

6 基础钢筋翻样

6.1 独立基础钢筋翻样

6.1.1 独立基础平法施工图识读

1. 独立基础平法施工图的表示方法

（1）独立基础平法施工图，有平面注写与截面注写两种表达方式，设计者可根据具体工程情况选择一种，或两种方式相结合进行独立基础的施工图设计。

（2）当绘制独立基础平面布置图时，应将独立基础平面与基础所支承的柱一起绘制。当设置基础联系梁时，可根据图面的疏密情况，将基础联系梁与基础平面布置图一起绘制，或将基础联系梁布置图单独绘制。

（3）在独立基础平面布置图上应标注基础定位尺寸；当独立基础的柱中心线或杯口中心线与建筑轴线不重合时，应标注其定位尺寸。编号相同且定位尺寸相同的基础，可仅选择一个进行标注。

2. 独立基础编号

各种独立基础编号，见表6-1。

独立基础编号　　表6-1

类型	基础底板截面形状	代号	序号
普通独立基础	阶形	DJ_J	××
	坡形	DJ_P	××
杯口独立基础	阶形	BJ_J	××
	坡形	BJ_P	××

注：设计时应注意：当独立基础截面形状为坡形时，其坡面应采用能保证混凝土浇筑、振捣密实的较缓坡度；当采用较陡坡度时，应要求施工采用在基础顶部坡面加模板等措施，以确保独立基础的坡面浇筑成型、振捣密实。

3. 独立基础的平面注写方式

（1）独立基础的平面注写方式，分为集中标注和原位标注两部分内容。

（2）普通独立基础和杯口独立基础的集中标注，系在基础平面图上集中引注：基础编号、截面竖向尺寸、配筋三项必注内容，以及基础底面标高（与基础底面基准标高不同时）和必要的文字注解两项选注内容。

素混凝土普通独立基础的集中标注，除无基础配筋内容外均与钢筋混凝土普通独立基础相同。

独立基础集中标注的具体内容，规定如下：

1）注写独立基础编号（必注内容），见表 6-1。

独立基础底板的截面形状通常包括以下两种：

① 阶形截面编号加下标“J”，例如 DJ_J××、BJ_J××。

② 坡形截面编号加下标“P”，例如 DJ_P××、BJ_P××。

2）注写独立基础截面竖向尺寸（必注内容）。下面按普通独立基础和杯口独立基础分别进行说明。

① 普通独立基础。注写 $h_1/h_2/$……，具体标注为：

a. 当基础为阶形截面时，如图 6-1 所示。

图 6-1 为三阶；当为更多阶时，各阶尺寸自下而上用“/”分隔顺写。当基础为单阶时，其竖向尺寸仅为一个，且为基础总高度，如图 6-2 所示。

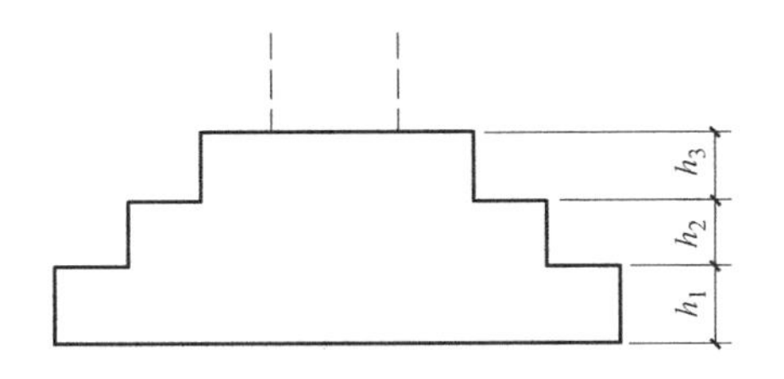

图 6-1 阶形截面普通独立基础竖向尺寸注写方式

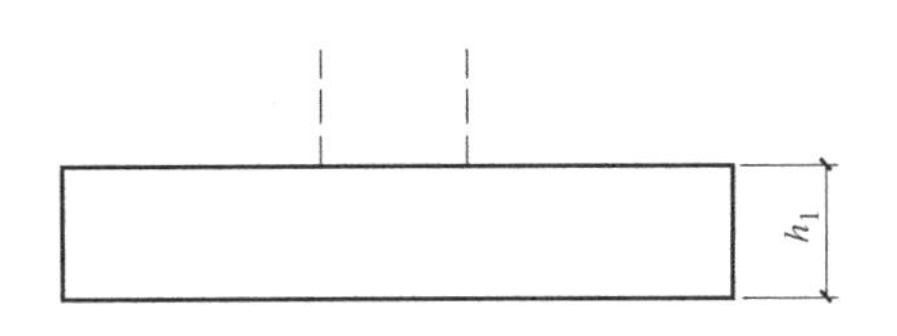

图 6-2 单阶普通独立基础竖向尺寸注写方式

b. 当基础为坡形截面时，注写方式为“h_1/h_2”，如图 6-3 所示。

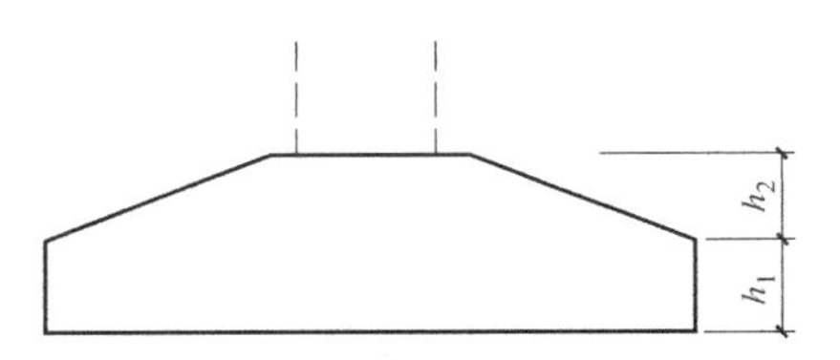

图 6-3 坡形截面普通独立基础竖向尺寸注写方式

② 杯口独立基础：

a. 当基础为阶形截面时，其竖向尺寸分两组，一组表达杯口内，另一组表达杯口外，两组尺寸以“,”分隔，注写方式为“a_0/a_1，$h_1/h_2/$……”，如图 6-4 和图 6-5 所示，其中杯口深度 a_0 为柱插入杯口的尺寸加 50mm。

b. 当基础为坡形截面时，注写方式为“a_0/a_1，$h_1/h_2/h_3/$……”，如图 6-6 和图6-7 所示。

3）注写独立基础配筋（必注内容）

① 注写独立基础底板配筋。普通独立基础和杯口独立基础的底部双向配筋注写方式如下：

a. 以 B 代表各种独立基础底板的底部配筋。

b. X 向配筋以 X 打头、Y 向配筋以 Y 打头注写；当两向配筋相同时，则以 X&Y 打头注写。

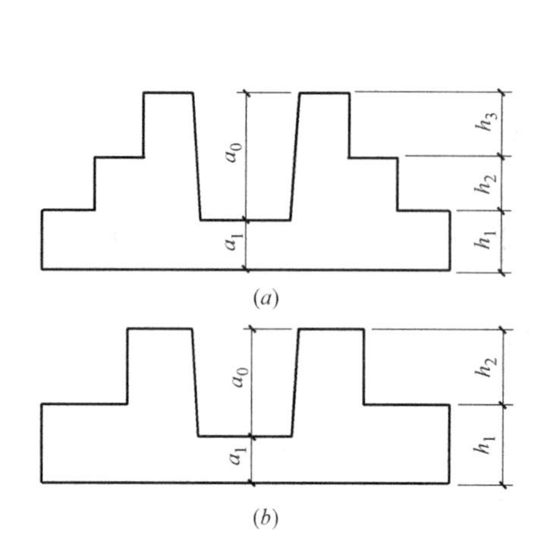

图 6-4 阶形截面杯口独立基础竖向尺寸注写方式

(a) 注写方式（一）；(b) 注写方式（二）

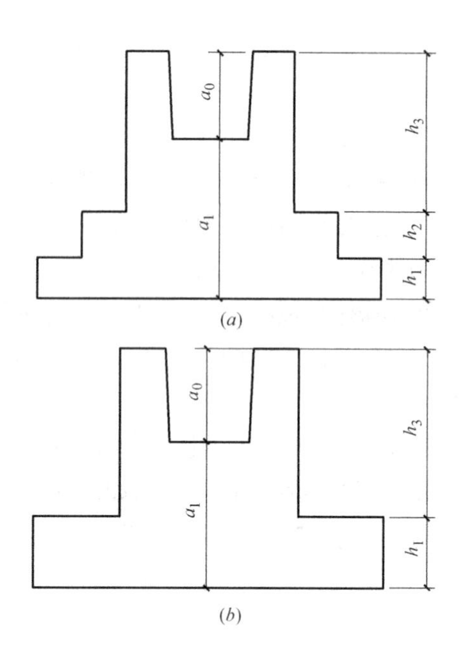

图 6-5 阶形截面高杯口独立基础竖向尺寸注写方式

(a) 注写方式（一）；(b) 注写方式（二）

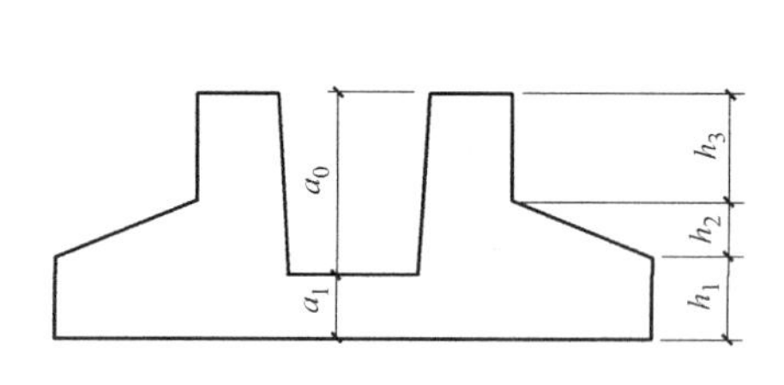

图 6-6 坡形截面杯口独立基础竖向尺寸注写方式

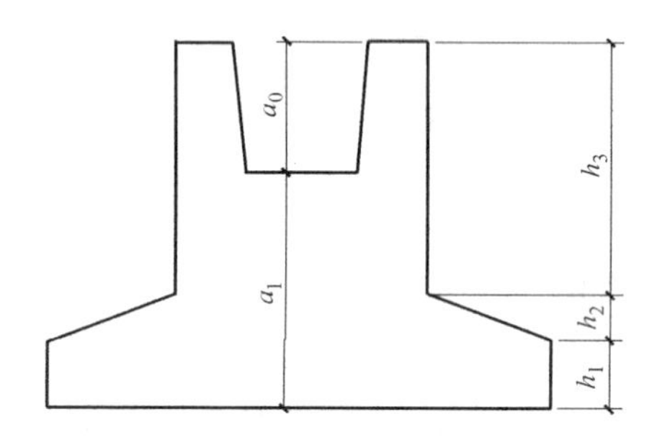

图 6-7 坡形截面高杯口独立基础竖向尺寸注写方式

② 注写杯口独立基础顶部焊接钢筋网。以 Sn 打头引注杯口顶部焊接钢筋网的各边钢筋。

当双杯口独立基础中间杯壁厚度小于 400mm 时，在中间杯壁中配置构造钢筋见相应标准构造详图，设计不注。

③ 注写高杯口独立基础的短柱配筋（亦适用于杯口独立基础杯壁有配筋的情况）。具体注写规定如下：

a. 以 O 代表短柱配筋。

b. 先注写短柱纵筋，再注写箍筋。注写方式为：角筋/长边中部筋/短边中部筋，箍筋（两种间距）；当水平截面为正方形时，注写方式为：角筋/x 边中部筋/y 边中部筋，箍筋（两种间距，短柱杯口壁内箍筋间距/短柱其他部位箍筋间距）。

c. 双高杯口独立基础的短柱配筋。对于双高杯口独立基础的短柱配筋，注写形式与单高杯口相同，如图 6-8 所示（本图只表示基础短柱纵筋与矩形箍筋）。

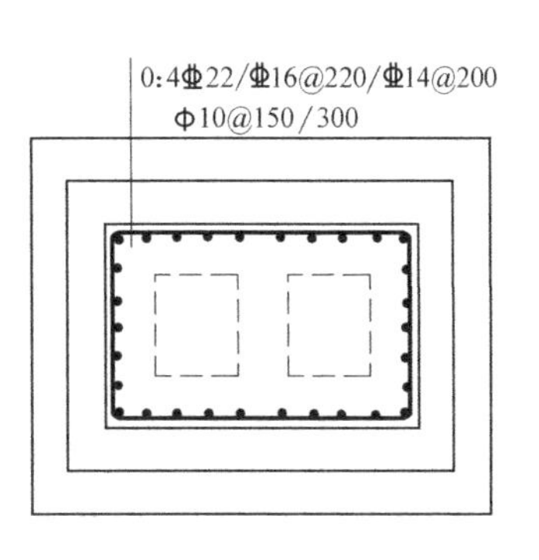

图 6-8 双高杯口独立基础短柱配筋注写方式

当双高杯口独立基础中间杯壁厚度小于 400mm 时，在中间杯壁中配置构造钢筋见相应标准构造详图，设计不注。

④ 注写普通独立基础带短柱竖向尺寸及钢筋。当独立基础埋深较大，设置短柱时，短柱配筋应注写在独立基础中。具体注写方式如下：

a. 以 DZ 代表普通独立基础短柱。

b. 先注写短柱纵筋，再注写箍筋，最后注写短柱标高范围。注写方式为“角筋/长边中部筋/短边中部筋，箍筋，短柱标高范围”；当短柱水平截面为正方形时，注写方式为“角筋/x 中部筋/y 中部筋，箍筋，短柱标高范围”。

4）注写基础底面标高（选注内容）。当独立基础的底面标高与基础底面基准标高不同时，应将独立基础底面标高直接注写在“（ ）”内。

5）必要的文字注解（选注内容）。当独立基础的设计有特殊要求时，宜增加必要的文字注解。例如，基础底板配筋长度是否采用减短方式等，可在该项内注明。

（3）钢筋混凝土和素混凝土独立基础的原位标注，系在基础平面布置图上标注独立基础的平面尺寸。对相同编号的基础，可选择一个进行原位标注；当平面图形较小时，可将所选定进行原位标注的基础按比例适当放大；其他相同编号者仅注编号。

原位标注的具体内容规定如下：

1）普通独立基础。原位标注 x、y，x_c、y_c（或圆柱直径 d_c），x_i、y_i，$i=1$，2，3……。其中，x、y 为普通独立基础两向边长，x_c、y_c 为柱截面尺寸，x_i、y_i 为阶宽或坡形平面尺寸（当设置短柱时，尚应标注短柱的截面尺寸）。

对称阶形截面普通独立基础原位标注，如图 6-9 所示。非对称阶形截面普通独立基础原位标注，如图 6-10 所示。设置短柱独立基础的原位标注，如图 6-11 所示。

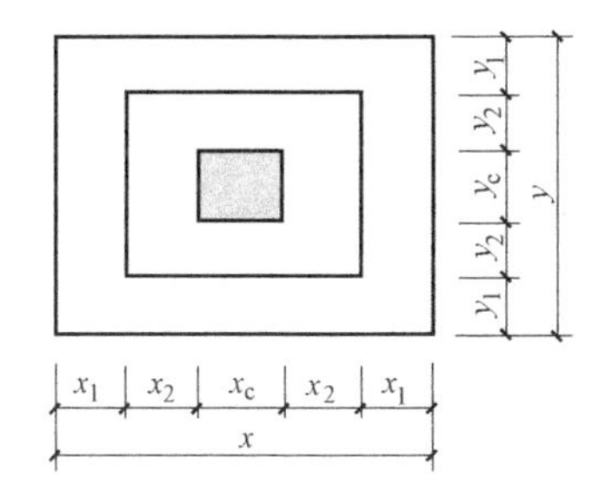

图 6-9 对称阶形截面普通独立基础原位标注

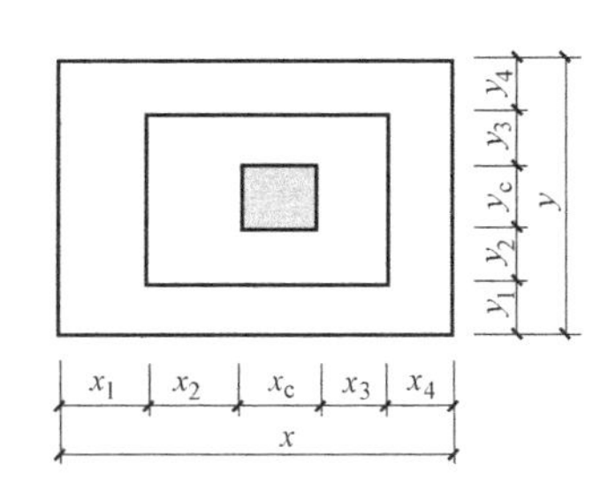

图 6-10 非对称阶形截面普通独立基础原位标注

对称坡形普通独立基础原位标注，如图 6-12 所示。非对称坡形普通独立基础原位标注，如图 6-13 所示。

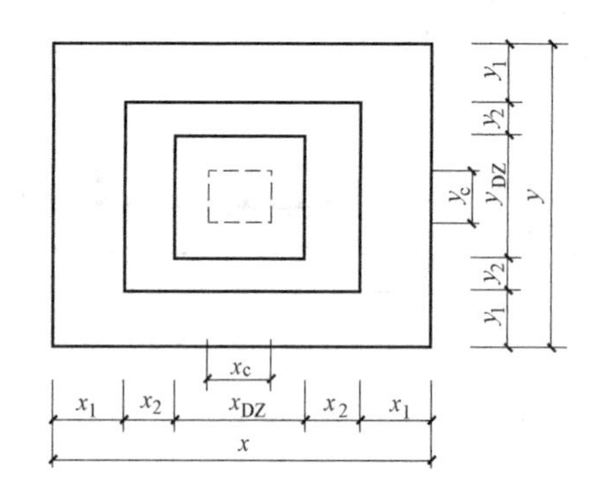

图 6-11　带短柱普通独立基础原位标注

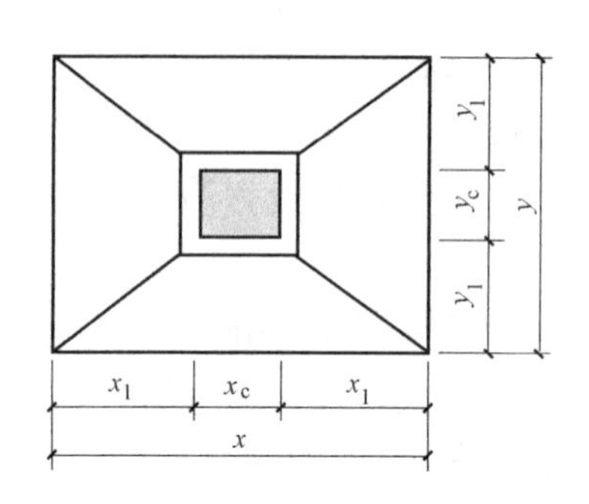

图 6-12　对称坡形截面普通独立基础原位标注

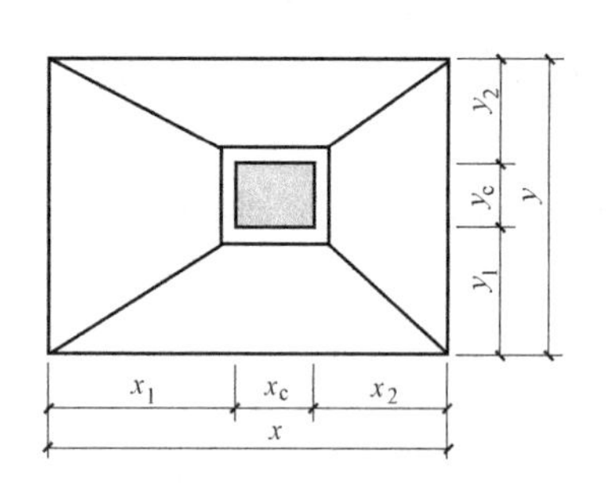

图 6-13　非对称坡形截面普通独立基础原位标注

2）杯口独立基础。原位标注 x、y，x_u、y_u，t_i，x_i、y_i，$i=1$，2，3……。其中，x、y 为杯口独立基础两向边长，x_u、y_u 为柱截面尺寸，t_i 为杯壁上口厚度，下口厚度为 t_i+25mm，x_i、y_i 为阶宽或坡形截面尺寸。

杯口上口尺寸 x_u、y_u，按柱截面边长两侧双向各加 75mm；杯口下口尺寸按标准构造详图（为插入杯口的相应柱截面边长尺寸，每边各加 50mm），设计不注。

阶形截面杯口独立基础原位标注，如图 6-14 所示。高杯口独立基础原位标注与杯口独立基础完全相同。

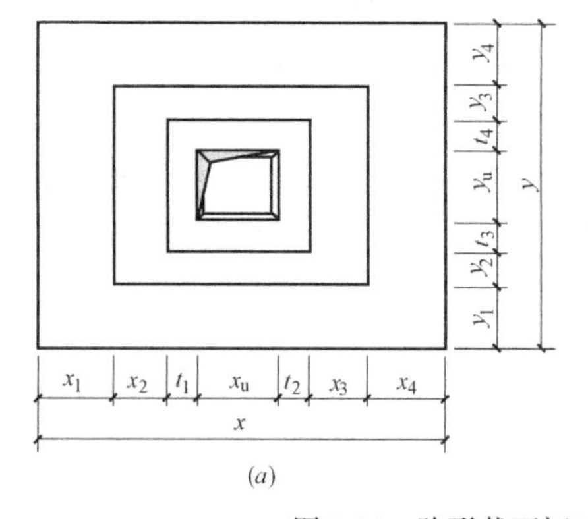

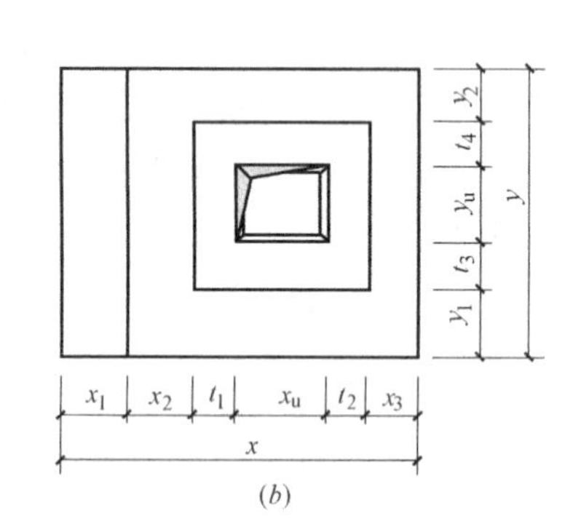

图 6-14　阶形截面杯口独立基础原位标注

（*a*）基础底板四边阶数相同；（*b*）基础底板的一边比其他三边多一阶

坡形截面杯口独立基础原位标注，如图 6-15 所示。高杯口独立基础的原位标注与杯口独立基础完全相同。

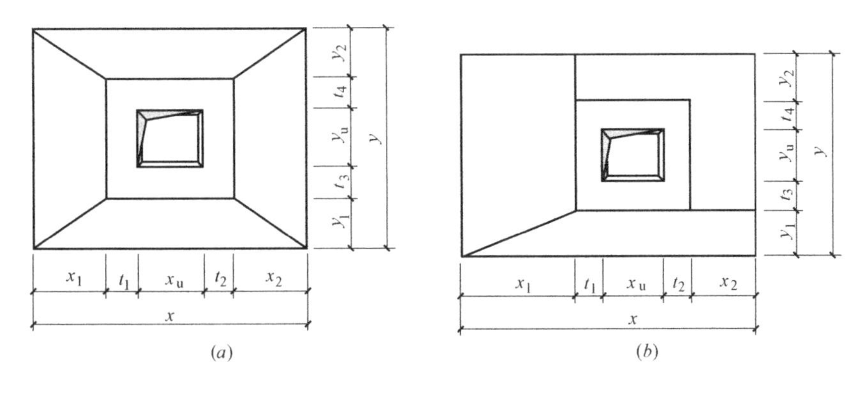

图 6-15 坡形截面杯口独立基础原位标注

(a) 基础底板四边均放坡；(b) 基础底板有两边不放坡

注：高杯口独立基础原位标注与杯口独立基础完全相同。

设计时应注意：当设计为非对称坡形截面独立基础并且基础底板的某边不放坡时，在原位放大绘制的基础平面图上，或在圈引出来放大绘制的基础平面图上，应按实际放坡情况绘制分坡线，如图 6-15 (b) 所示。

(4) 普通独立基础采用平面注写方式的集中标注和原位标注综合设计表达示意，如图 6-16 所示。

带短柱独立基础采用平面注写方式的集中标注和原位标注综合设计表达示意，如图 6-17 所示。

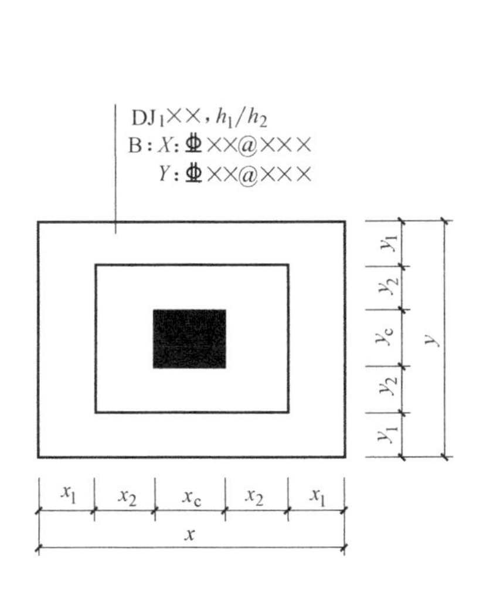

图 6-16 普通独立基础平面注写方式设计表达示意

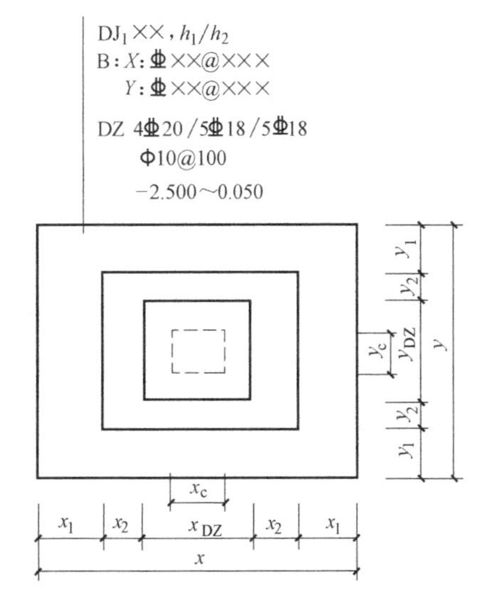

图 6-17 普通独立基础平面注写方式设计表达示意

(5) 杯口独立基础采用平面注写方式的集中标注和原位标注综合设计表达示意，如图 6-18 所示。

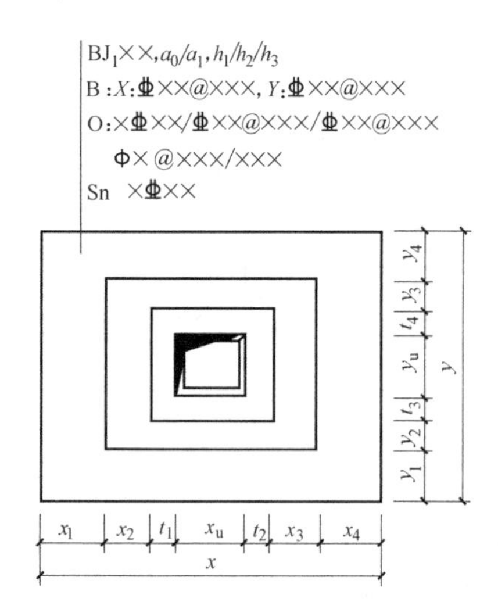

图 6-18 杯口独立基础平面注写方式设计表达示意

在图 6-18 中，集中标注的第三、四行内容是表达高杯口独立基础短柱的竖向纵筋和横向箍筋；当为杯口独立基础时，集中标注通常为第一、二、五行的内容。

（6）独立基础通常为单柱独立基础，也可为多柱独立基础（双柱或四柱等）。多柱独立基础的编号、几何尺寸和配筋的标注方法与单柱独立基础相同。

当为双柱独立基础时，通常仅基础底部钢筋；当柱距较大时，出基础底部配筋外，尚需在两柱间配置顶部一般要配置基础顶部钢筋或配置基础梁；当为四柱独立基础时，通常可设置两道平行的基础梁，需要时可在两道基础梁之间配置基础顶部钢筋。

多柱独立基础顶部配筋和基础梁的注写方法规定如下：

1）注写双柱独立基础底板顶部配筋。双柱独立基础的顶部配筋，通常对称分布在双柱中心线两侧。以大写字母“T”打头，注写为：双柱间纵向受力钢筋/分布钢筋。当纵向受力钢筋在基础底板顶面非满布时，应注明其总根数。

2）注写双柱独立基础的基础梁配筋。当双柱独立基础为基础底板与基础梁相结合时，注写基础梁的编号、几何尺寸和配筋。例如 JL××（1）表示该基础梁为 1 跨，两端无外伸；JL××（1A）表示该基础梁为 1 跨，一端有外伸；JL××（1B）表示该基础梁为 1 跨，两端均有外伸。

通常情况下，双柱独立基础宜采用端部有外伸的基础梁，基础底板则采用受力明确、构造简单的单向受力配筋与分布筋。基础梁宽度宜比柱截面宽出不小于 100mm（每边不小于 50mm）。

基础梁的注写规定与条形基础的基础梁注写规定相同。注写示意图如图 6-19 所示。

3）注写双柱独立基础的底板配筋。双柱独立基础底板配筋的注写，可以按条形基础底板的注写规定，也可以按独立基础底板的注写规定。

4）注写配置两道基础梁的四柱独立基础底板顶部配筋。当四柱独立基础已设置两道平行的基础梁时，根据内力需要可在双梁之间以及梁的长度范围内配置基础顶部钢筋，注写为：梁间受力钢筋/分布钢筋。

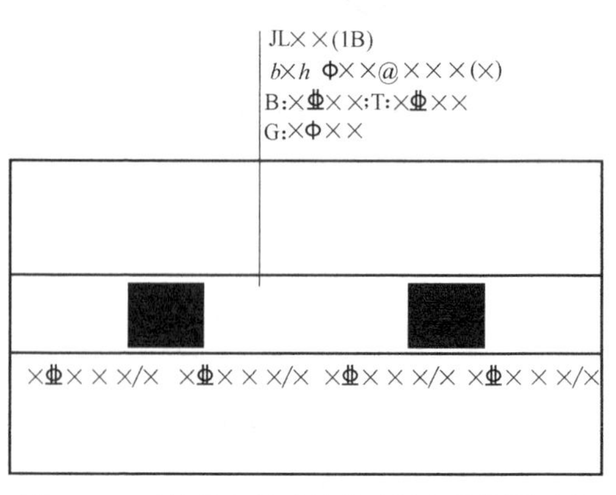

图 6-19 双柱独立基础的基础梁配筋注写示意

平行设置两道基础梁的四柱独立基础底板配筋，也可按双梁条形基础底板配筋的注写规定。

(7) 采用平面注写方式表达的独立基础设计施工图，如图 6-20 所示。

4. 独立基础的截面注写方式

(1) 独立基础的截面注写方式，又可分为截面标注和列表注写（结合截面示意图）两种表达方式。

采用截面注写方式，应在基础平面布置图上对所有基础进行编号，见表 6-1。

(2) 对单个基础进行截面标注的内容和形式，与传统"单构件正投影表示方法"基本相同。对于已在基础平面布置图上原位标注清楚的该基础的平面几何尺寸，在截面图上可不再重复表达，具体表达内容可参照《16G101-3》图集中相应的标准构造。

(3) 对多个同类基础，可采用列表注写（结合截面示意图）的方式进行集中表达。表中内容为基础截面的几何数据和配筋等，在截面示意图上应标注与表中栏目相对应的代号。列表的具体内容规定如下：

1) 普通独立基础。普通独立基础列表集中注写栏目为：

① 编号：阶形截面编号为 DJ_J××，坡形截面编号为 DJ_P××。

② 几何尺寸：水平尺寸 x、y，x_c、y_c（或圆柱直径 d_c），x_i、y_i，$i=1$，2，3……；竖向尺寸 $h_1/h_2/$……。

③ 配筋：B：X：Φ××@×××，Y：Φ××@×××。

普通独立基础列表格式见表 6-2。

普通独立基础几何尺寸和配筋表 **表 6-2**

基础编号/截面号	截面几何尺寸				底部配筋(B)	
	x、y	x_c、y_c	x_i、y_i	$h_1/h_2/$……	X 向	Y 向

注：表中可根据实际情况增加栏目。例如：当基础底面标高与基础底面基准标高不同时，加注基础底面标高；当为双柱独立基础时，加注基础顶部配筋或基础梁几何尺寸和配筋；当设置短柱时增加短柱尺寸及配筋等。

2) 杯口独立基础。杯口独立基础列表集中注写栏目为：

① 编号：阶形截面编号为 BJ_J××，坡形截面编号为 BJ_P××。

② 几何尺寸：水平尺寸 x、y，x_u、y_u，t_i，x_i、y_i，$i=1$，2，3……；竖向尺寸 a_0、a_1，$h_1/h_2/h_3$……。

③ 配筋：B：X：Φ××@×××，Y：Φ××@×××，SnxΦ××，

O：xΦ××/Φ××@×××/Φ××@×××，Φ××@×××/×××。

杯口独立基础列表格式见表 6-3。

6.1.2 独立基础底板配筋翻样

独立基础底板配筋构造适用于普通独立基础、杯口独立基础，其配筋构造如图 6-21 所示。

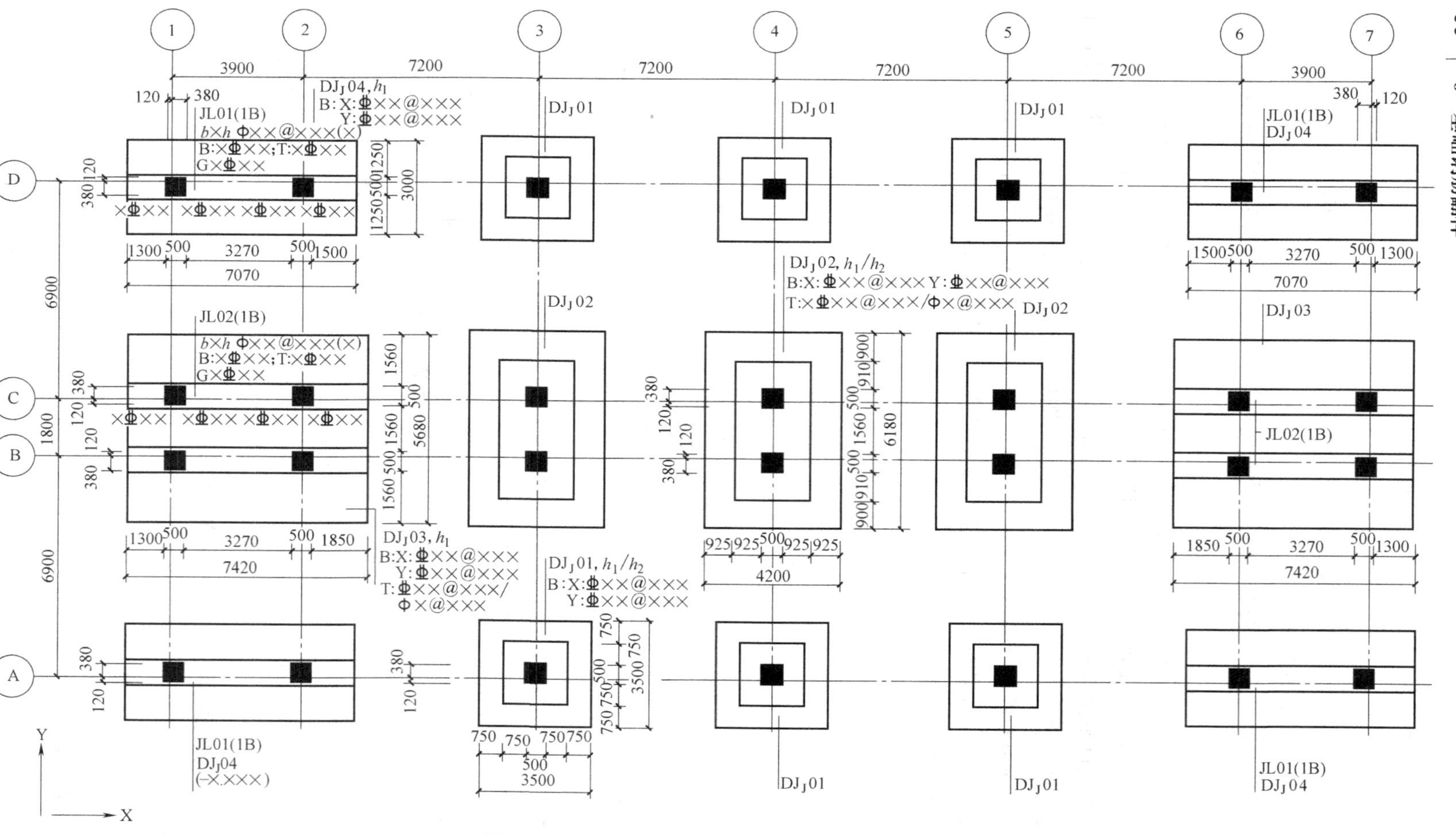

图 6-20　独立基础平法施工图平面注写方式示例

注：1. X、Y 为图面方向。

2. ±0.000 的绝对标高（m）：×××.×××；基础底面基准标高（m）：－×.×××。

杯口独立基础几何尺寸和配筋表 **表 6-3**

基础编号/截面号	截面几何尺寸				底部配筋(B)		杯口顶部钢筋网(Sn)	短柱配筋(O)	
	x、y	x_c、y_c	x_i、y_i	a_0、a_1，$h_1/h_2/h_3$……	X 向	Y 向		角筋/长边中部筋/短边中部筋	杯口壁箍筋/其他部位箍筋

注：1. 表中可根据实际情况增加栏目。如当基础底面标高与基础底面基准标高不同时，加注基础底面标高；或增加说明栏目等。

2. 短柱配筋适用于高杯口独立基础，并适用于杯口独立基础杯壁有配筋的情况。

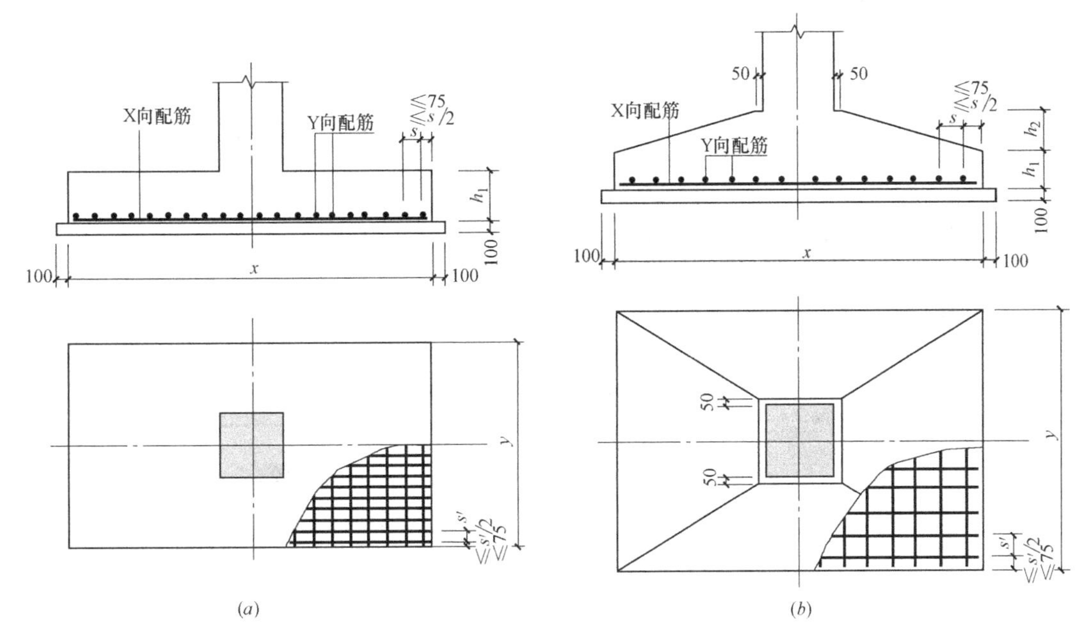

图 6-21 独立基础底板配筋构造

(*a*) 阶形；(*b*) 坡形

1. X 向钢筋

$$长度=x-2c \tag{6-1}$$

$$根数=\frac{y-2\times\min\left(75,\frac{s'}{2}\right)}{s'}+1 \tag{6-2}$$

式中 c——钢筋保护层的最小厚度（mm）；

$\min\left(75,\ \frac{s'}{2}\right)$——X 向钢筋起步距离（mm）；

s'——X 向钢筋间距（mm）。

2. Y 向钢筋

$$长度=y-2c \tag{6-3}$$

$$根数=\frac{x-2\times\min\left(75,\frac{s}{2}\right)}{s}+1 \tag{6-4}$$

式中 c——钢筋保护层的最小厚度（mm）；

$\min\left(75,\frac{s}{2}\right)$——Y 向钢筋起步距离（mm）；

s——Y 向钢筋间距（mm）。

除此之外，也可看出，独立基础底板双向交叉钢筋布置时，短向设置在上，长向设置在下。

【例 6-1】 DJ_p1 平法施工图，如图 6-22 所示，其剖面示意图如图 6-23 所示。求 DJ_p1 的 X 向、Y 向钢筋。

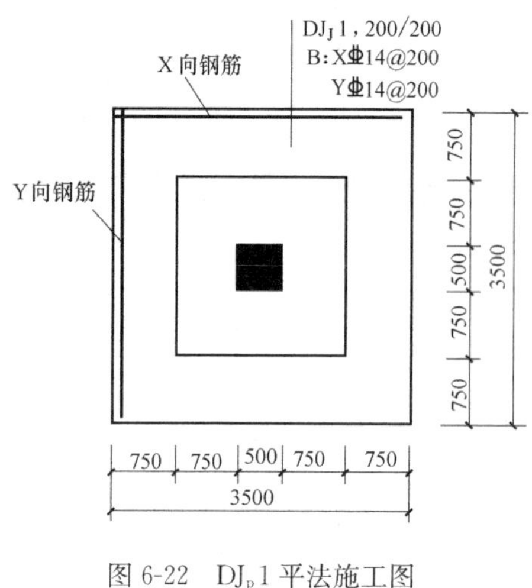

图 6-22 DJ_p1 平法施工图

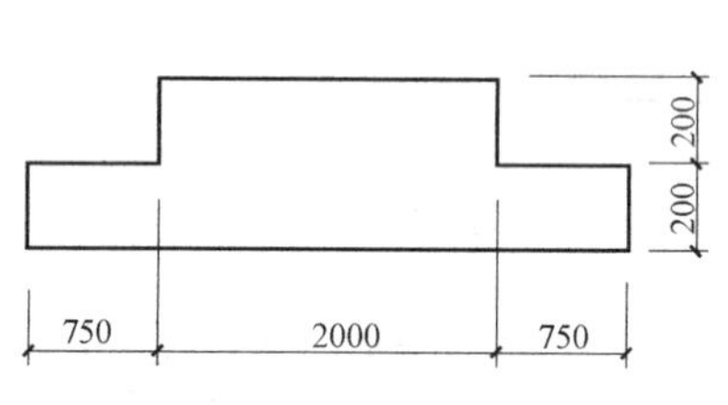

图 6-23 DJ_p1 剖面示意图

【解】

（1）X 向钢筋

长度$=x-2c$

$=3500-2\times40$

$=3420\text{mm}$

$$根数=\frac{y-2\times\min\left(75,\frac{s'}{2}\right)}{s'}+1$$

$$=\frac{3500-2\times75}{220}+1$$

$=18$根

（2）Y 向钢筋

长度$=y-2c$

$=3500-2\times40$

$=3420\text{mm}$

$$根数=\frac{x-2\times\min\left(75,\frac{s}{2}\right)}{s}+1$$

$$=\frac{3500-2\times75}{200}+1$$

$=18$根

6.1.3 独立基础底板配筋长度缩减10%的钢筋翻样

1. 对称独立基础构造

底板配筋长度缩减10%的对称独立基础构造如图6-24所示。

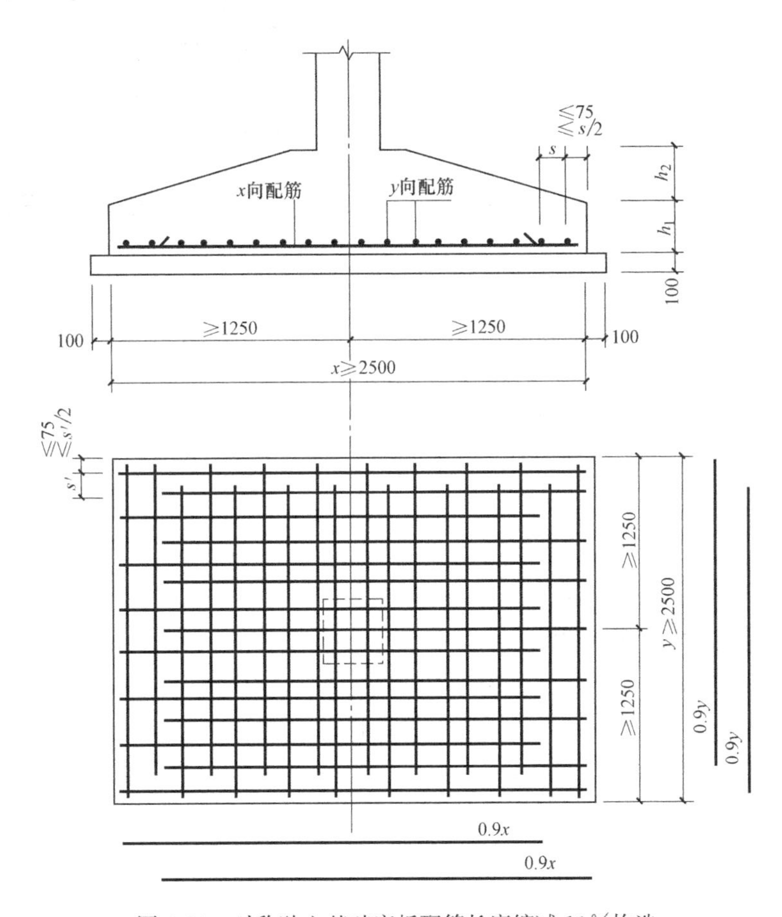

图6-24 对称独立基础底板配筋长度缩减10%构造

当对称独立基础底板的长度不小于2500mm时，各边最外侧钢筋不缩减；除了外侧钢筋外，两项其他底板配筋可以缩减10%，即取相应方向底板长度的0.9倍。因此，可得出下列计算公式：

$$外侧钢筋长度=x-2c\ 或\ y-2c \tag{6-5}$$

$$其他钢筋长度=0.9x 或=0.9y \quad (6\text{-}6)$$

式中 c——钢筋保护层的最小厚度（mm）。

【例 6-2】 DJ_p2 平法施工图，如图 6-25 所示。求 DJ_p2 的 X 向、Y 向钢筋。

【解】

DJ_P2 为正方形，X 向钢筋与 Y 向钢筋完全相同，本例中以 X 向钢筋为例进行计算，计算过程如下，钢筋示意图见图 6-26。

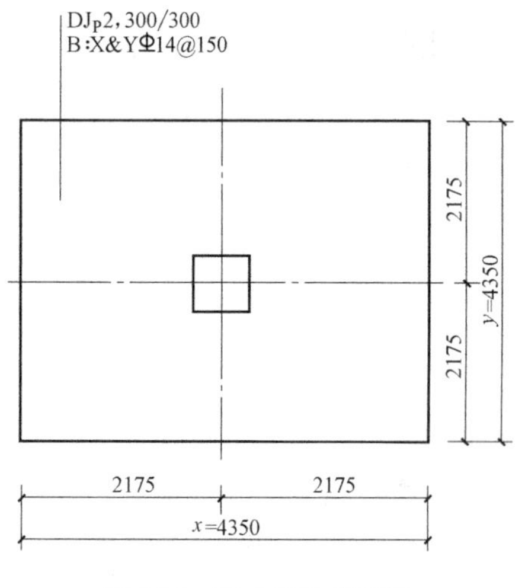

图 6-25 DJ_p2 平法施工图

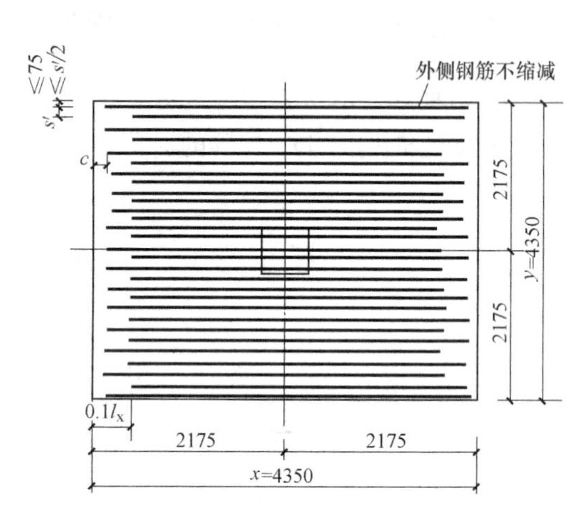

图 6-26 DJ_p2 钢筋示意图

（1）X 向外侧钢筋长度=基础边长$-2c$

$=x-2c$

$=4350-2\times40$

$=4270$mm

（2）X 向外侧钢筋根数=2 根（一侧各一根）

（3）X 向其余钢筋长度=基础边长$-c-0.1\times$基础边长

$=x-c-0.1l_x$

$=4350-40-0.1\times4350$

$=3875$mm

（4）X 向其余钢筋根数$=[y-\min(75,s/2)]/s-1$

$=(4350-2\times75)/150-1$

$=27$ 根

2. 非对称独立基础

底板配筋长度缩减 10%的非对称独立基础构造，如图 6-27 所示。

当非对称独立基础底板的长度不小于 2500mm 时，各边最外侧钢筋不缩减；对称方向（图中 y 向）中部钢筋长度缩减 10%；非对称方向（图中 x 向）：当基础某侧从柱中心至基础底板边缘的距离小于 1250mm 时，该侧钢筋不缩减；当基础某侧从柱中心至基础

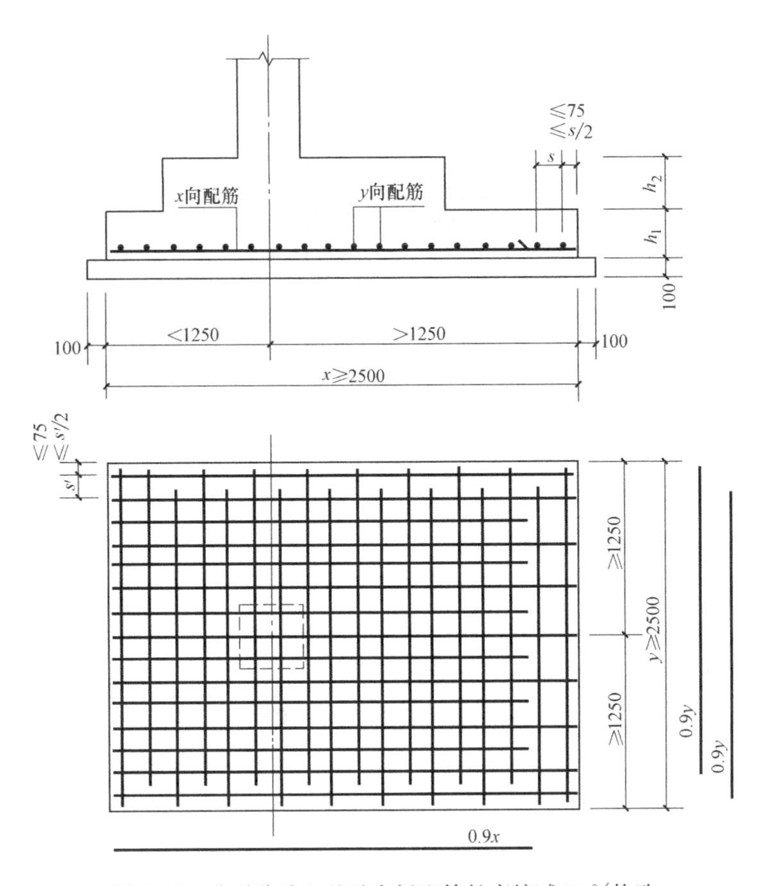

图 6-27 非对称独立基础底板配筋长度缩减 10%构造

底板边缘的距离不小于 1250mm 时，该侧钢筋隔一根缩减一根。因此，可得出以下计算公式：

$$\text{外侧钢筋(不缩减)长度} = x - 2c \text{ 或 } y - 2c \tag{6-7}$$

对称方向中部钢筋长度$=0.9y$ (6-8)

非对称方向：

中部钢筋长度$=x-2c$ (6-9)

在缩减时：

中部钢筋长度$=0.9y$ (6-10)

式中 c——钢筋保护层的最小厚度(mm)。

【例 6-3】 DJ_p3 平法施工图，如图 6-28 所示。求 DJ_p3 的 X 向、Y 向钢筋。

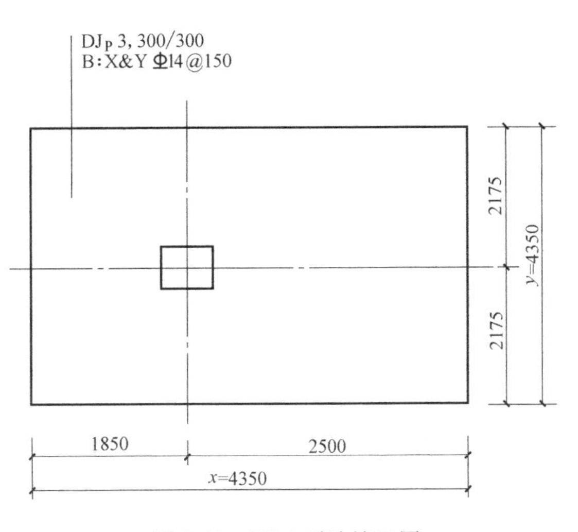

图 6-28 DJ_p3 平法施工图

【解】

本例 Y 向钢筋与上例 DJ_p2 完全相

同，本例讲解X向钢筋的计算，计算过程如下，钢筋示意图见图6-29：

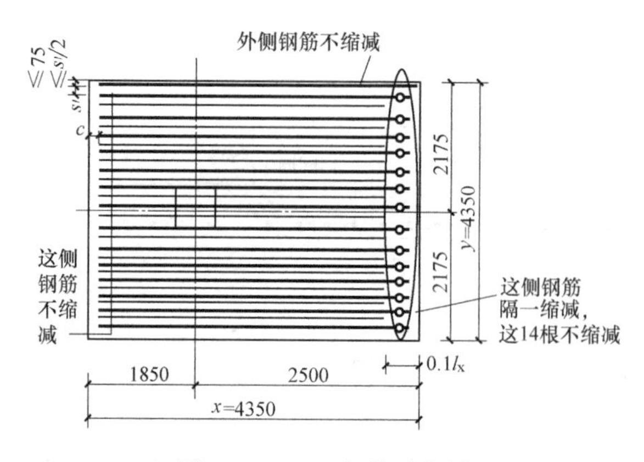

图6-29 DJ_P3 钢筋示意图

（1）X向外侧钢筋长度＝基础边长－2c

＝x－2c－3000－2×40

＝2920mm

（2）X向外侧钢筋根数＝2根（一侧各一根）

（3）X向其余钢筋（两侧均不缩减）长度（与外侧钢筋相同）＝x－2c

＝3000－2×40

＝2920mm

（4）根数＝(布置范围－两端起步距离)/间距＋1

＝{[y－min(75,s/2)]/s－1}/2

＝[(3000－2×75)/200－1]/2

＝7根（右侧隔一缩减）

（5）X向其余钢筋（右侧缩减的钢筋）长度＝基础边长－c－0.1×基础边长

＝$x-c-0.1l_x$

＝3000－40－0.1×3000

＝2660mm

（6）根数＝7－1＝6根（因为隔一缩减，所以比另一种少一根）

6.2 筏形基础钢筋翻样

6.2.1 梁板式筏形基础平法施工图识读

1. 梁板式筏形基础平法施工图的表示方法

（1）梁板式筏形基础平法施工图，系在基础平面布置图上采用平面注写方式进行表达。

（2）当绘制基础平面布置图时，应将梁板式筏形基础与其所支承的柱、墙一起绘制。梁板式筏形基础以多数相同的基础平板底面标高作为基础底面基准标高。当基础底面标高不同时，需注明与基础底面基准标高不同之处的范围和标高。

（3）通过选注基础梁底面与基础平板底面的标高高差来表达两者间的位置关系，可以明确其“高板位”（梁顶与板顶一平）、“低板位”（梁底与板底一平）以及“中板位”（板在梁的中部）三种不同位置组合的筏形基础，方便设计表达。

（4）对于轴线未居中的基础梁，应标注其定位尺寸。

2. 梁板式筏形基础构件的类型与编号

梁板式筏形基础由基础主梁、基础次梁、基础平板等构成，编号按表 6-4 的规定。

梁板式筏形基础梁编号　　表 6-4

构件类型	代号	序号	跨数及是否有外伸
基础主梁(柱下)	JL	××	(××)或(××A)或(××B)
基础次梁	JCL	××	(××)或(××A)或(××B)
梁板筏基础平板	LPB	××	

注：1. (××A) 为一端有外伸，(××B) 为两端有外伸，外伸不计入跨数。
2. 梁板式筏形基础平板跨数及是否有外伸分别在 X、Y 两向的贯通纵筋之后表达。图面从左至右为 X 向，从下至上为 Y 向。
3. 梁板式筏形基础主梁与条形基础梁编号与标准构造详图一致。

3. 基础主梁和基础次梁的平面注写方式

（1）基础主梁 JL 与基础次梁 JCL 的平面注写方式，分集中标注与原位标注两部分内容。当集中标注的某项数值不适用于梁的某部位时，则将该项数值采用原位标注，施工时，原位标注优先。

（2）基础主梁 JL 与基础次梁 JCL 的集中标注内容为：基础梁编号、截面尺寸、配筋三项必注内容，以及基础梁底面标高高差（相对于筏形基础平板底面标高）一项选注内容。具体规定如下：

1）注写基础梁的编号，见表 6-4。

2）注写基础梁的截面尺寸。以 $b \times h$ 表示梁截面宽度和高度，当为竖向加腋梁时，用 $b \times h$ Y$c_1 \times c_2$表示，其中，c_1为腋长，c_2为腋高。

3）注写基础梁的配筋：

① 注写基础梁箍筋

a. 当采用一种箍筋间距时，注写钢筋级别、直径、间距与肢数（写在括号内）。

b. 当采用两种箍筋时，用“/”分隔不同箍筋，按照从基础梁两端向跨中的顺序注写。先注写第 1 段箍筋（在前面加注箍数），在斜线后再注写第 2 段箍筋（不再加注箍数）。

施工时应注意：两向基础主梁相交的柱下区域，应有一向截面较高的基础主梁箍筋贯通设置；当两向基础主梁高度相同时，任选一向基础主梁箍筋贯通设置。

② 注写基础梁的底部、顶部及侧面纵向钢筋

a. 以 B 打头，先注写梁底部贯通纵筋（不应少于底部受力钢筋总截面面积的 1/3）。当跨中所注根数少于箍筋肢数时，需要在跨中加设架立筋以固定箍筋，注写时，用加号“+”将贯通纵筋与架立筋相联，架立筋注写在加号后面的括号内。

b. 以 T 打头，注写梁顶部贯通纵筋值。注写时用分号“;”将底部与顶部纵筋分隔开。

c. 当梁底部或顶部贯通纵筋多于一排时，用斜线“/”将各排纵筋自上而下分开。

d. 以大写字母“G”打头，注写梁两侧面设置的纵向构造钢筋有总配筋值（当梁腹板高度 h_w 不小于 450mm 时，根据需要配置）。

当需要配置抗扭纵向钢筋时，梁两个侧面设置的抗扭纵向钢筋以 N 打头。

注：1. 当为梁侧面构造钢筋时，其搭接与锚固长度可取为 $15d$。

2. 当为梁侧面受扭纵向钢筋时，其锚固长度为 l_a，搭接长度为 l_l；其锚固方式同基础梁上部纵筋。

4）注写基础梁底面标高高差（系指相对于筏形基础平板底面标高的高差值），该项为选注值。有高差时需将高差写入括号内（如“高板位”与“中板位”基础梁的底面与基础平板地面标高的高差值），无高差时不注（如“低板位”筏形基础的基础梁）。

（3）基础主梁与基础次梁的原位标注规定如下：

1）梁支座的底部纵筋，系指包含贯通纵筋与非贯通纵筋在内的所有纵筋：

① 当底部纵筋多余一排时，用“/”将各排纵筋自上而下分开。

② 当同排有两种直径时，用加号“+”将两种直径的纵筋相联。

③ 当梁中间支座两边底部纵筋配置不同时，需在支座两边分别标注；当梁中间支座两边的底部纵筋相同时，只仅在支座的一边标注配筋值。

④ 当梁端（支座）区域的底部全部纵筋与集中注写过的贯通纵筋相同时，可不再重复做原位标注。

⑤ 竖向加腋梁加腋部位钢筋，需在设置加腋的支座处以 Y 打头注写在括号内。

设计时应注意：当对底部一平的梁支座两边的底部非贯通纵筋采用不同配筋值时，应先按较小一边的配筋值选配相同直径的纵筋贯穿支座，再将较大一边的配筋差值选配适当直径的钢筋锚入支座，避免造成两边大部分钢筋直径不相同的不合理配置结果。

施工及预算方面应注意：当底部贯通纵筋经原位修正注写后，两种不同配置的底部贯通纵筋应在两毗邻跨中配置较小一跨的跨中连接区域连接（即配置较大一跨的底部贯通纵筋需越过其跨数终点或起点伸至毗邻跨的跨中连接区域）。

2）注写基础梁的附加箍筋或（反扣）吊筋。将其直接画在平面图中的主梁上，用线引注总配筋值（附加箍筋的肢数注在括号内），当多数附加箍筋或（反扣）吊筋相同时，可在基础梁平法施工图上统一注明，少数与统一注明值不同时，再原位引注。

施工时应注意：附加箍筋或（反扣）吊筋的几何尺寸应按照标准构造详图，结合其所在位置的主梁和次梁的截面尺寸确定。

3）当基础梁外伸部位变截面高度时，在该部位原位注写 $b \times h_1/h_2$，h_1 为根部截面高度，h_2 为尽端截面高度。

4）注写修正内容。当在基础梁上集中标注的某项内容（如梁截面尺寸、箍筋、底部与顶部贯通纵筋或架立筋、梁侧面纵向构造钢筋、梁底面标高高差等）不适用于某跨或某外伸部分时，则将其修正内容原位标注在该跨或该外伸部位，施工时原位标注取值优先。

当在多跨基础梁的集中标注中已注明竖向加腋，而该梁某跨根部不需要竖向加腋时，则应在该跨原位标注等截面的 $b \times h$，以修正集中标注中的加腋信息。

（4）按以上各项规定的组合表达方式，基础主梁和基础次梁标注图示如图 6-30 所示。

4. 基础梁底部非贯通纵筋的长度规定

（1）为方便施工，凡基础主梁柱下区域和基础次梁支座区域底部非贯通纵筋的伸出长度 a_0 值，当配置不多于两排时，在标准构造详图中统一取值为自支座边向跨内伸出至 $l_n/3$ 位置；当非贯通纵筋配置多于两排时，从第三排起向跨内的伸出长度值应由设计者注明。l_n的取值规定为：边跨边支座的底部非贯通纵筋，l_n取本边跨的净跨长度值；中间支座的底部非贯通纵筋，l_n取支座两边较大一跨的净跨长度值。

（2）基础主梁与基础次梁外伸部位底部纵筋的伸出长度 a_0 值，在标准构造详图中统一取值为：第一排伸出至梁端头后，全部上弯 $12d$ 或 $15d$，或其他排伸至梁端头后截断。

（3）设计者在执行第（1）、（2）条基础梁底部非贯通纵筋伸出长度的统一取值规定时，应注意按《混凝土结构设计规范（2015 年版）》（GB 50010—2010）、《建筑地基基础设计规范》（GB 50007—2011）和《高层建筑混凝土结构技术规程》（JGJ 3—2010）的相关规定进行校核，若不满足时应另行变更。

5. 梁板式筏形基础平板的平面注写方式

（1）梁板式筏形基础平板 LPB 的平面注写，分为集中标注与原位标注两部分内容。

（2）梁板式筏形基础平板 LPB 贯通纵筋的集中标注，应在所表达的板区双向均为第一跨（X 与 Y 双向首跨）的板上引出（图面从左至右为 X 向，从下至上为 Y 向）。

板区划分条件：板厚相同、基础平板底部与顶部贯通纵筋配置相同的区域为同一板区。

集中标注的内容包括：

1）注写基础平板的编号，见表 6-4。

2）注写基础平板的截面尺寸。注写 h=×××表示板厚。

3）注写基础平板的底部与顶部贯通纵筋及其跨数及外伸情况。先注写 X 向底部（B 打头）贯通纵筋与顶部（T 打头）贯通纵筋及纵向长度范围；再注写 Y 向底部（B 打头）贯通纵筋与顶部（T 打头）贯通纵筋及其跨数及外伸长度（图面从左至右为 X 向，从下至上为 Y 向）。

贯通纵筋的跨数及外伸长度注写在括号中，注写方式为“跨数及有无外伸”，其表达形式为：（××）（无外伸）、（××A）（一端有外伸）或（××B）（两端有外伸）。

注：基础平板的跨数以构成柱网的主轴线为准；两主轴线之间无论有几道辅助轴线（例如框筒结构中混凝土内筒中的多道墙体），均可按一跨考虑。

当贯通纵筋采用两种规格钢筋“隔一布一”方式时，表达为 xx/yy@××，表示直径 xx 的钢筋和直径 yy 的钢筋之间的间距为××，直径为 xx 的钢筋、直径为 yy 的钢筋间距分别为××的 2 倍。

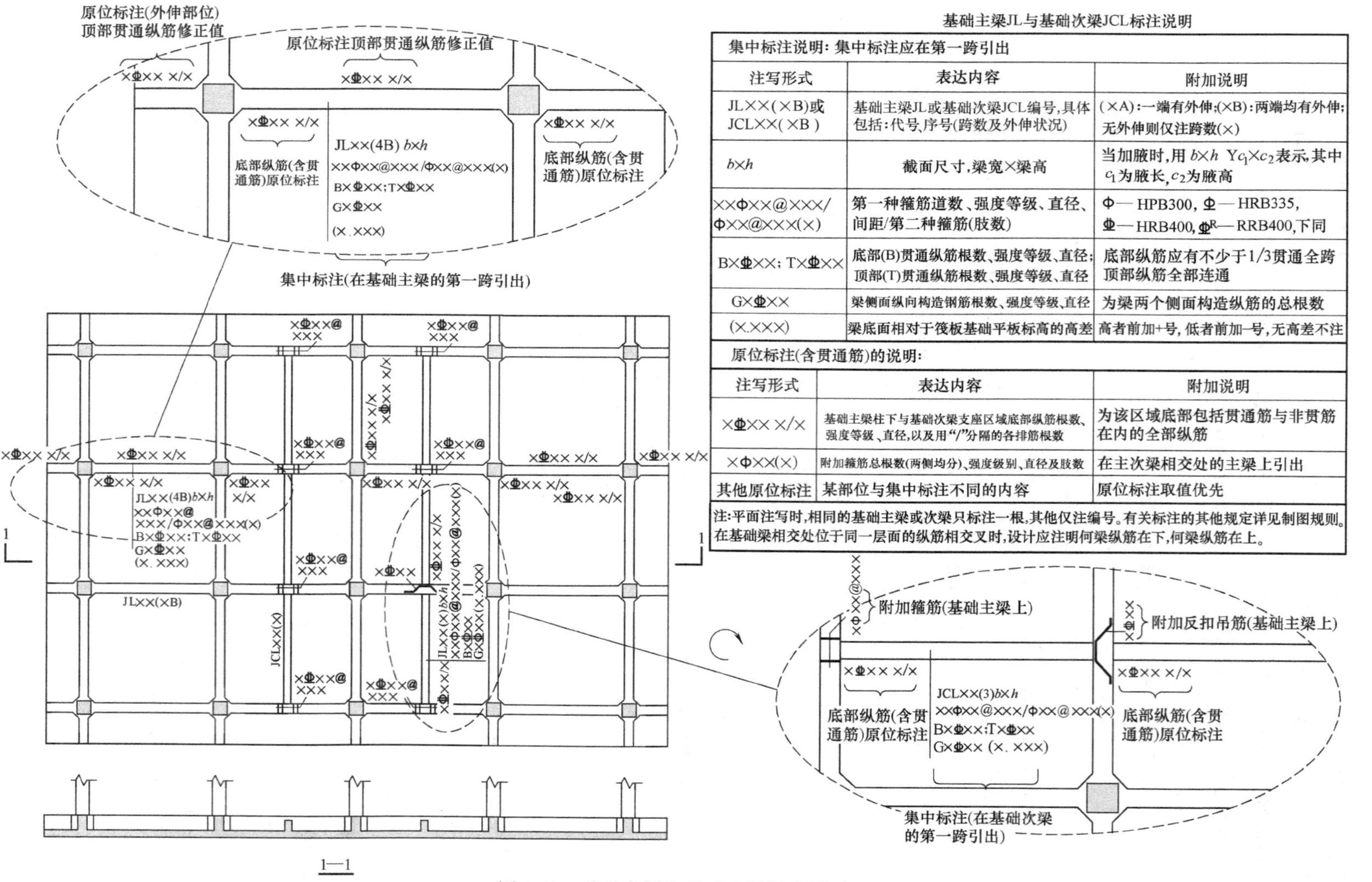

基础主梁JL与基础次梁JCL标注说明

集中标注说明：集中标注应在第一跨引出		
注写形式	表达内容	附加说明
JL××(×B)或 JCL××(×B)	基础主梁JL或基础次梁JCL编号,具体包括:代号、序号(跨数及外伸状况)	(×A):一端有外伸;(×B):两端均有外伸;无外伸则仅注跨数(×)
$b\times h$	截面尺寸,梁宽×梁高	当加腋时,用 $b\times h$ $Yc_1\times c_2$表示,其中c_1为腋长,c_2为腋高
××Φ××@×××/Φ××@×××(×)	第一种箍筋道数、强度等级、直径、间距/第二种箍筋(肢数)	Φ— HPB300, Φ— HRB335, Φ— HRB400, Φ^R— RRB400,下同
B×Φ××; T×Φ××	底部(B)贯通纵筋根数、强度等级、直径;顶部(T)贯通纵筋根数、强度等级、直径	底部纵筋应有不少于1/3贯通全跨 顶部纵筋全部连通
G×Φ××	梁侧面纵向构造钢筋根数、强度等级、直径	为梁两个侧面构造纵筋的总根数
(×.×××)	梁底面相对于筏板基础平板标高的高差	高者前加+号,低者前加—号,无高差不注

原位标注(含贯通筋)的说明:		
注写形式	表达内容	附加说明
×Φ×× ×/×	基础主梁柱下与基础次梁支座区域底部纵筋根数、强度等级、直径,以及用"/"分隔的各排筋根数	为该区域底部包括贯通筋与非贯筋在内的全部纵筋
×Φ××(×)	附加箍筋总根数(两侧均分)、强度级别、直径及肢数	在主次梁相交处的主梁上引出
其他原位标注	某部位与集中标注不同的内容	原位标注取值优先

注:平面注写时,相同的基础主梁或次梁只标注一根,其他仅注编号。有关标注的其他规定详见制图规则。在基础梁相交处位于同一层面的纵筋相交叉时,设计应注明何梁纵筋在下,何梁纵筋在上。

图 6-30 基础主梁和基础次梁标注图示

施工及预算方面应注意：当基础平板分板区进行集中标注，并且相邻板区板底一平时，两种不同配置的底部贯通纵筋应在两毗邻板跨中配筋较小板跨的跨中连接区域连接（即配置较大板跨的底部贯通纵筋需越过板区分界线伸至毗邻板跨的跨中连接区域）。

（3）梁板式筏形基础平板 LPB 的原位标注，主要表达板底部附加非贯通纵筋。

1）原位注写位置及内容。板底部原位标注的附加非贯通纵筋，应在配置相同的第一跨表达（当在基础梁悬挑部位单独配置时则在原位表达）。在配置相同跨的第一跨（或基础梁外伸部位），垂直于基础梁，绘制一段中粗虚线（当该筋通长设置在外伸部位或短跨板下部时，应画至对边或贯通短跨），再续线上注写编号（如①、②等）、配筋值、横向布置的跨数及是否布置到外伸部位。

注：（××）为横向布置的跨数，（××A）为横向布置的跨数及一端基础梁的外伸部位，（××B）为横向布置的跨数及两端基础梁外伸部位。

板底部附加非贯通纵筋自支座中线向两边跨内的伸出长度值注写在线段的下方位置。当该筋向两侧对称伸出时，可仅在一侧标注，另一侧不注：当布置在边梁下时，向基础平板外伸部位一侧的伸出长度与方式按标准构造，设计不注。底部附加非贯通筋相同者，可仅注写一处，其他只注写编号。

横向连续布置的跨数及是否布置到外伸部位，不受集中标注贯通纵筋的板区限制。

原位注写的底都附加非贯通纵筋与集中标注的底部贯通钢筋，宜来用“隔一布一”的方式布置，即基础平板（X 向或 Y 向）底部附加非贯通纵筋与贯通纵筋间隔布置，其标注间距与底部贯通纵筋相同（两者实际组合后的间距为各自标注间距的 1/2）。

2）注写修正内容。当集中标注的某些内容不适用于梁板式筏形基础平板某板区的某一板跨时，应由设计者在该板跨内注明，施工时应按注明内容取用。

3）当若干基础梁下基础平板的底部附加非贯通纵筋配置相同时（其底部、顶部的贯通纵筋可以不同），可仅在一根基础梁下做原位注写，并在其他梁上注明“该梁下基础平板底部附加非贯通纵筋同××基础梁”。

（4）梁板式筏形基础平板 LPB 的平面注写规定，同样适用于钢筋混凝土墙下的基础平板。

按以上主要分项规定的组合表达方式，梁板式筏形基础平板 LPB 标注识图，见图 6-31。

6.2.2 平板式筏形基础平法施工图识读

1. 平板式筏形基础平法施工图的表示方法

（1）平板式筏形基础平法施工图，是指在基础平面布置图上采用平面注写方式表达。

（2）当绘制基础平面布置图时，应将平板式筏形基础与其所支承的柱、墙一起绘制。当基础底面标高不同时，需注明与基础底面基准标高不同之处的范围和标高。

2. 平板式筏形基础构件的类型与编号

平板式筏形基础的平面注写表达方式有两种。一是划分为柱下板带和跨中板带进行表达；二是按基础平板进行表达。平板式筏形基础构件编号见表 6-5。

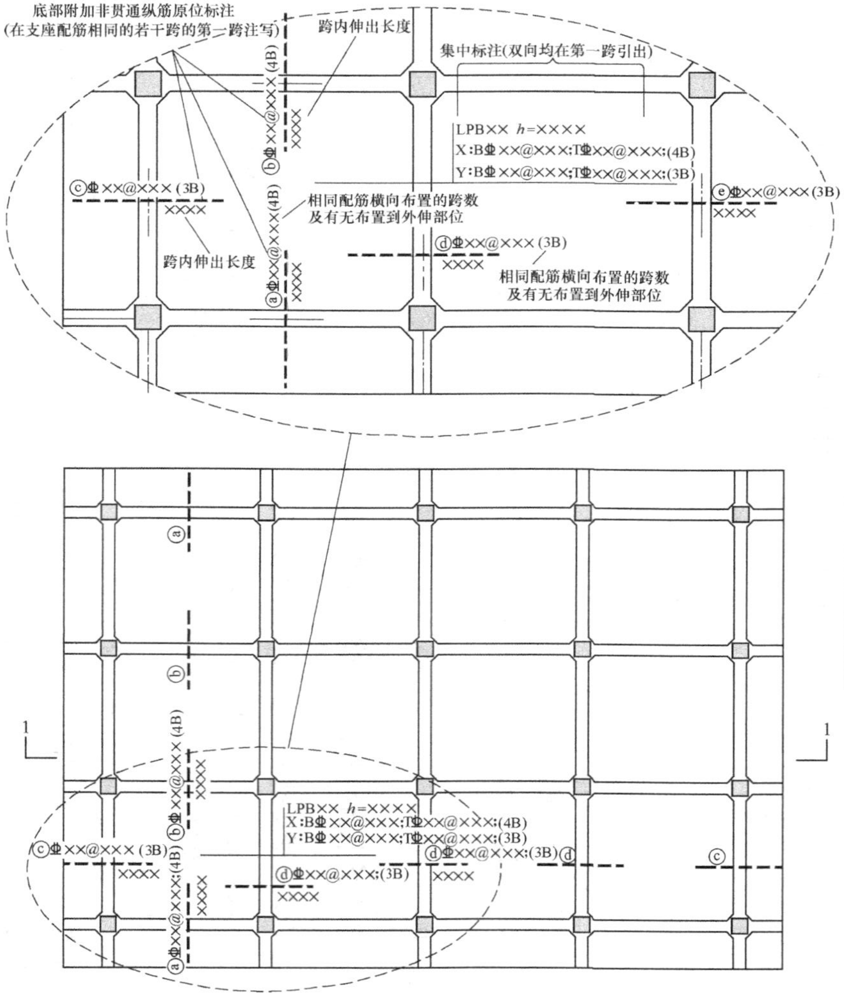

梁板式筏形基础基础平板LPB标注说明

集中标注说明:集中标注应在双向均为第一跨引出		
注写形式	表达内容	附加说明
LPB××	基础平板编号,包括代号和序号	为梁板式基础的基础平板
h=××××	基础平板厚度	
X:B⏀××@×××; T⏀××@×××;(4B) Y:B⏀××@×××; T⏀××@×××;(3B)	X或Y向底部与顶部贯通纵筋强度级别、直径、间距(跨数及外伸情况)	底部纵筋应有不少于1/3贯通全跨,注意与非贯通纵筋组合设置的具体要求,详见制图规则。顶部纵筋应全跨连通。用B引导底部贯通纵筋,用T引导顶部贯通纵筋。(×A):一端有外伸;(×B):两端均有外伸;无外伸则仅注跨数(×)。图面从左至右为X向,从下至上为Y向
板底部附加非贯通纵筋的原位标注说明:原位标注应在基础梁下相同配筋跨的第一跨下注写		
注写形式	表达内容	附加说明
ⓧ⏀××@×××(×、×A、×B) ×××× 基础梁	板底部附加非贯通纵筋编号、强度级别、直径、间距(相同配筋横向布置的跨数外伸情况);自梁中心线分别向两边跨内的伸出长度值	当向两侧对称伸出时,可只在一侧注伸出长度值。外伸部位一侧的伸出长度与方式按标准构造,设计不注。相同非贯通纵筋可只注写一处,其他仅在中粗虚线上注写编号。与贯通纵筋组合设置时的具体要求详见相应制图规则
注写修正内容	某部位与集中标注不同的内容	原位标注的修正内容取值优先

注:板底支座处实际配筋为集中标注的板底贯通纵筋与原位标注的板底附加非贯通纵筋之和。图注中注明的其他内容见制图规则第4.6.2条;有关标注的其他规定详见制图规则。

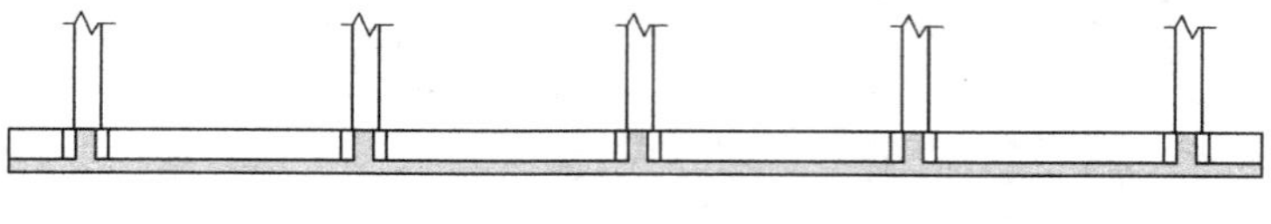

图 6-31　梁板式筏形基础平板 LPB 标注识图

平板式筏形基础构件编号 表 6-5

构件类型	代号	序号	跨数及有无外伸
柱下板带	ZXB	××	(××)或(××A)或(××B)
跨中板带	KZB	××	(××)或(××A)或(××B)
平板筏基础平板	BPB		

注：1.（××A）为一端有外伸，（××B）为两端有外伸，外伸不计入跨数。
2. 平板式筏形基础平板，其跨数及是否有外伸分别在 X、Y 两向的贯通纵筋之后表达。图面从左至右为 X 向，从下至上为 Y 向。

3. 柱下板带、跨中板带的平面注写方式

（1）柱下板带 ZXB（视其为无箍筋的宽扁梁）与跨中板带 KZB 的平面注写，分集中标注与原位标注两部分内容。

（2）柱下板带与跨中板带的集中标注，应在第一跨（X 向为左端跨，Y 向为下端跨）引出，具体内容包括：

1）注写编号，见表 6-5。

2）注写截面尺寸。注写 b=××××表示板带宽度（在图注中注明基础平板厚度）。确定柱下板带宽度应根据规范要求与结构实际受力需要。当柱下板带宽度确定后，跨中板带宽度亦随之确定（即相邻两平行柱下板带之间的距离）。当柱下板带中心线偏离柱中心线时，应在平面图上标注其定位尺寸。

3）注写底部与顶部贯通纵筋。注写底部贯通纵筋（B 打头）与顶部贯通纵筋（T 打头）的规格与间距，用分号“;”将其分隔开。柱下板带的柱下区域，通常在其底部贯通纵筋的间隔内插空设有（原位注写的）底部附加非贯通纵筋。

施工及预算方面应注意：当柱下板带的底部贯通纵筋配置从某跨开始改变时，两种不同配置的底部贯通纵筋应在两毗邻跨中配置较小跨的跨中连接区域连接（即配置较大跨的底部贯通纵筋需越过其跨数终点或起点伸至毗邻跨的跨中连接区域）。

（3）柱下板带与跨中板带原位标注的内容，主要为底部附加非贯通纵筋。具体内容包括：

1）注写内容：以一段与板带同向的中粗虚线代表附加非贯通纵筋；柱下板带：贯穿其柱下区域绘制；跨中板带：横贯柱中线绘制。在虚线上注写底部附加非贯通纵筋的编号（例如①、②等）、钢筋级别、直径、间距，以及自柱中线分别向两侧跨内的伸出长度值。当向两侧对称伸出时，长度值可仅在一侧标注，另一侧不注。外伸部位的伸出长度与方式按标准构造，设计不注。对同一板带中底部附加非贯通筋相同者，可仅在一根钢筋上注写，其他可仅在中粗虚线上注写编号。

原位注写的底部附加非贯通纵筋与集中标注的底部贯通纵筋，宜采用“隔一布一”的方式布置，即柱下板带或跨中板带底部附加非贯通纵筋与贯通纵筋交错插空布置，其标注间距与底部贯通纵筋相同（两者实际组合后的间距为各自标注间距的 1/2）。

当跨中板带在轴线区域不设置底部附加非贯通纵筋时，则不做原位注写。

2）注写修正内容。当在柱下板带、跨中板带上集中标注的某些内容（例如截面尺寸、底部与顶部贯通纵筋等）不适用于某跨或某外伸部分时，则将修正的数值原位标注在该跨或该外伸部位，施工时原位标注取值优先。

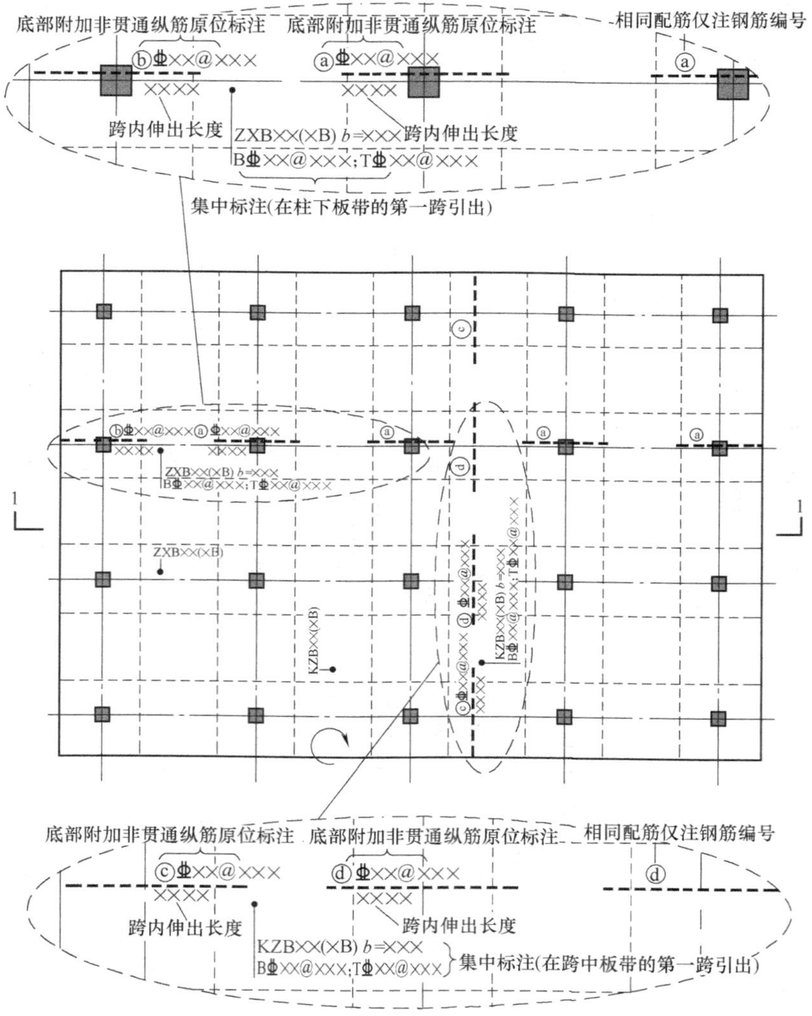

柱下板带ZXB与跨中板带KZB标注说明

集中标注说明：集中标注应在第一跨引出		
注写形式	表达内容	附加说明
ZXB××(×B)或 KZB××(×B)	柱下板带或跨中板带编号，具体包括：代号、序号(跨数及外伸状况)	(×A)：一端有外伸；(×B)：两端均有外伸；无外伸则仅注跨数(×)
b=××××	板带宽度(在图注中应注明板厚)	板带宽度取值与设置部位应符合规范要求
BΦ××@×××；TΦ××@×××	底部贯通纵筋强度等级、直径、间距；顶部贯通纵筋强度等级、直径、间距	底部纵筋应有不少于1/3贯通全跨，注意与非贯通纵筋组合设置的具体要求，详见制图规则

板底部附加非贯通纵筋原位标注说明：		
注写形式	表达内容	附加说明
ⓐΦ××@××× ×××× 柱下板带：ⓐΦ××@××× ×××× 跨中板带：ⓑΦ××@××× ××××	底部非贯通纵筋编号、强度等级、直径、间距；自柱中线分别向两边跨内的伸出长度值	同一板带中其他相同非贯通纵筋可仅在中粗虚线上注写编号，向两侧对称伸出时，可只在一侧注伸出长度值，向外伸部位的伸出长度与方式按标准构造，设计不注。与贯通纵筋组合设置时的具体要求详见相应制图规则
修正内容原位注写	某部位与集中标注不同的内容	原位标注的修正内容取值优先

注：1.相同的柱下或跨中板带只标注一处；其他仅注编号。
2.图注中注明的其他内容见制图规则第5.5.2条；有关标注的其他规定详见制图规则。

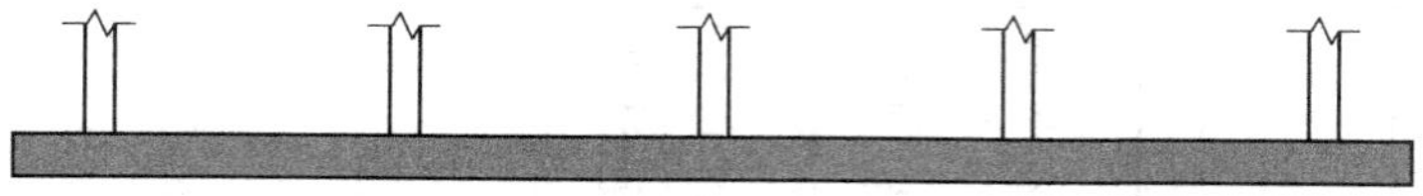

底部附加非贯通纵筋原位标注　底部附加非贯通纵筋原位标注　相同配筋仅注钢筋编号

ⓑΦ××@×××　ⓐΦ××@×××　ⓐ

××××　××××

跨内伸出长度　跨内伸出长度

ZXB××(×B) b=×××

BΦ××@×××；TΦ××@×××

集中标注(在柱下板带的第一跨引出)

ZXB××(×B)

KZB××(×B)

1—1

底部附加非贯通纵筋原位标注　底部附加非贯通纵筋原位标注　相同配筋仅注钢筋编号

ⓒΦ××@×××　ⓓΦ××@×××　ⓓ

××××　××××

跨内伸出长度　跨内伸出长度

KZB××(×B) b=×××

BΦ××@×××；TΦ××@×××

集中标注(在跨中板带的第一跨引出)

图 6-32　柱下板带 ZXB 与跨中板带 KZB 标注图示

设计时应注意：对于支座两边不同配筋值的（经注写修正的）底部贯通纵筋，应按较小一边的配筋值选配相同直径的纵筋贯穿支座，较大一边的配筋差值选配适当直径的钢筋锚入支座，避免造成两边大部分钢筋直径不相同的不合理配置结果。

（4）柱下板带 ZXB 与跨中板带 KZB 的注写规定，同样适用于平板式筏形基础上局部有剪力墙的情况。

（5）按以上各项规定的组合表达方式，柱下板带 ZXB 与跨中板带 KZB 标注图示，见图 6-32。

4. 平板式筏形基础平板 BPB 的平面注写方式

（1）平板式筏形基础平板 BPB 的平面注写，分为集中标注与原位标注两部分内容。

基础平板 BPB 的平面注写与柱下板带 ZXB、跨中板带 KZB 的平面注写虽是不同的表达方式，但可以表达同样的内容。当整片板式筏形基础配筋比较规律时，宜采用 BPB 表达方式。

（2）平板式筏形基础平板 BPB 的集中标注，除按表 6-5 注写编号外，所有规定均与“梁板式筏形基础平板 LPB 的集中标注”相同。

当某向底部贯通纵筋或顶部贯通纵筋的配置，在跨内有两种不同间距时，先注写跨内两端的第一种间距，并在前面加注纵筋根数（以表示其分布的范围）；再注写跨中部的第二种间距（不需加注根数）；两者用“/”分隔。

（3）平板式筏形基础平板 BPB 的原位标注，主要表达横跨柱中心线下的底部附加非贯通纵筋。内容包括：

1）原位注写位置及内容：在配置相同的若干跨的第一跨，垂直于柱中线绘制一段中粗虚线代表底部附加非贯通纵筋，在虚线上的注写内容与梁板式筏形基础平板原位标注内容相同。

当柱中心线下的底部附加非贯通纵筋（与柱中心线正交）沿柱中心线连续若干跨配置相同时，则在该连续跨的第一跨下原位注写，且将同规格配筋连续布置的跨数注在括号内；当有些跨配置不同时，则应分别原位注写。外伸部位的底部附加非贯通纵筋应单独注写（当与跨内某筋相同时仅注写钢筋编号）。

当底部附加非贯通纵筋横向布置在跨内有两种不同间距的底部贯通纵筋区域时，其间距应分别对应为两种，其注写形式应与贯通纵筋保持一致，即先注写跨内两端的第一种间距，并在前面加注纵筋根数；再注写跨中部的第二种间距（不需加注根数）；两者用“/”分隔。

2）当某些柱中心线下的基础平板底部附加非贯通纵筋横向配置相同时（其底部、顶部的贯通纵筋可以不同），可仅在一条中心线下做原位注写，并在其他柱中心线上注明“该柱中心线下基础平板底部附加非贯通纵筋同××柱中心线。

（4）平板式筏形基础平板 BPB 的平面注写规定，同样适用于平板式筏形基础上局部有剪力墙的情况。

按以上各项规定的组合表达方式，平板式筏形基础平板 BPB 标注图示，见图 6-33。

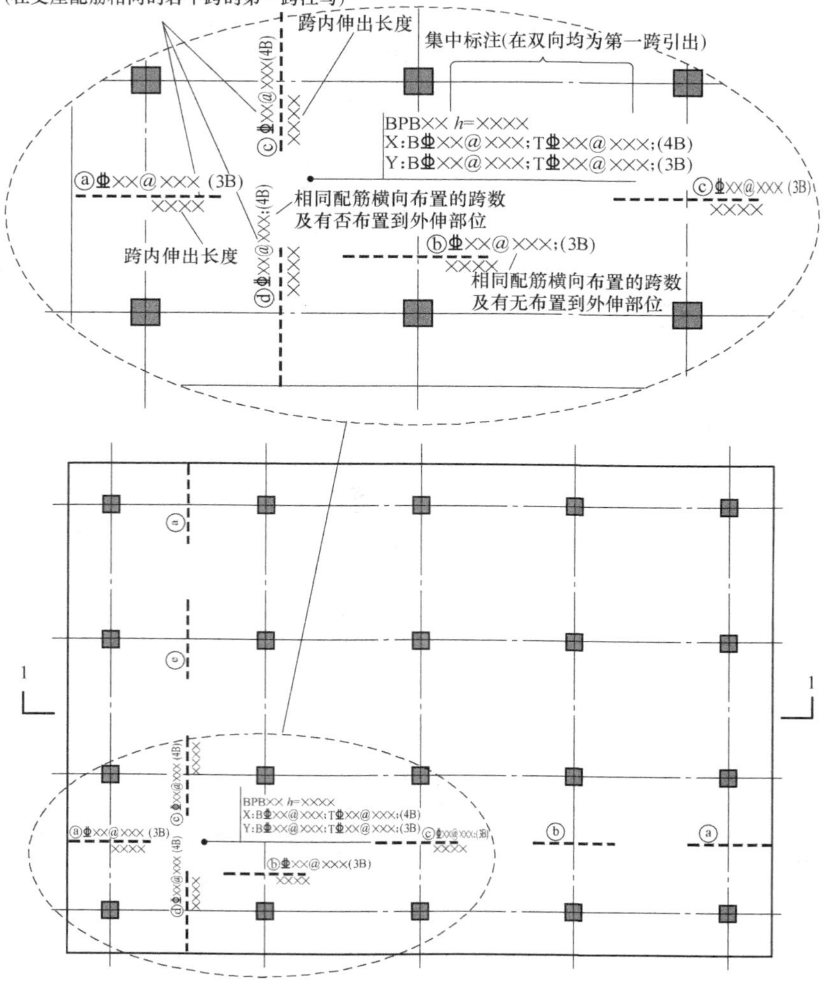

底部附加非贯通纵筋原位标注
(在支座配筋相同的若干跨的第一跨注写)

跨内伸出长度

集中标注(在双向均为第一跨引出)

BPB×× h=××××
X:BΦ××@×××;TΦ××@×××;(4B)
Y:BΦ××@×××;TΦ××@×××;(3B)

ⓐΦ××@××× (3B)

ⓒΦ××@×××(4B)

ⓓΦ××@×××(4B)

ⓑΦ××@×××;(3B)

相同配筋横向布置的跨数及有否布置到外伸部位

相同配筋横向布置的跨数及有无布置到外伸部位

1—1

平板式筏形基础基础平板BPB标注说明

集中标注说明：集中标注应在双向均为第一跨引出		
注写形式	表达内容	附加说明
BPB××	基础平板编号，包括代号和序号	为平板式筏形基础的基础平板
h=××××	基础平板厚度	
X:BΦ××@×××; TΦ××@×××;(4B) Y:BΦ××@×××; TΦ××@×××;(3B)	X或Y向底部与顶部贯通纵筋强度级别、直径、间距(跨数及外伸情况)	底部纵筋应有不少于1/3贯通全跨，注意与非贯通纵筋组合设置的具体要求，详见制图规则，顶部纵筋应全跨贯通。用B引导底部贯通纵筋，用T纵筋，用T引导顶部贯通纵筋。(×A)：一端有外伸；(×B)：两端均有外伸，无外伸则仅注跨数至右为X向，从下至上为Y向。
板底部附加非贯通筋的原位标注说明：原位标注应在基础梁下相同配筋跨的第一跨下注写		
注写形式	表达内容	附加说明
ⓍΦ××@×××(×,×A,×B) ×××× 柱中线	底部附加非贯通纵筋编号、强度等级、直径、间距(相同配筋横向布置的跨数及有无布置到外伸部位)；自梁中心线分别向两边跨内的伸出长度值	当向两侧对称伸出时，可只在一侧注伸出长度值。外伸部位一侧的伸出长度与方式按标准构造，设计不注，相同非贯通纵筋可只注写一处，其他仅在中粗虚线上注写编号。与贯通纵筋组合设置时的具体要求详见相应制图规则
注写修正内容	某部位于集中标注不同的内容	原位标注的修正内容取值优先

注：板底支座处实际配筋为集中标注的板底贯通纵筋与原位标注的板底附加非贯通纵筋之和。图注中注明的其他内容见制图规则第5.5.2条；有关标注的其他规定详见制图规则。

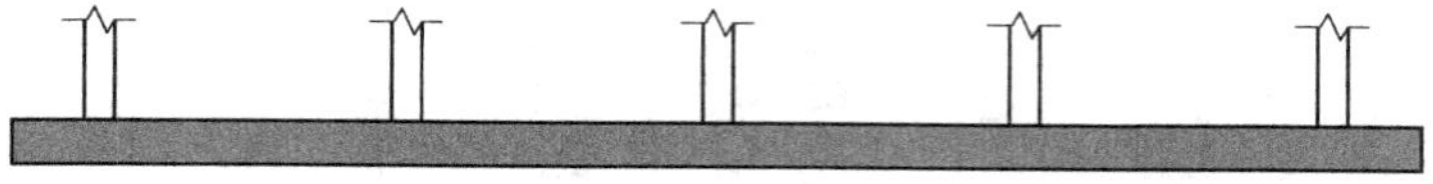

图 6-33　平板式筏形基础平板 BPB 标注图示

6.2.3 基础梁钢筋翻样

1. 基础梁纵筋翻样

（1）基础梁端部无外伸构造，如图 6-34 所示。

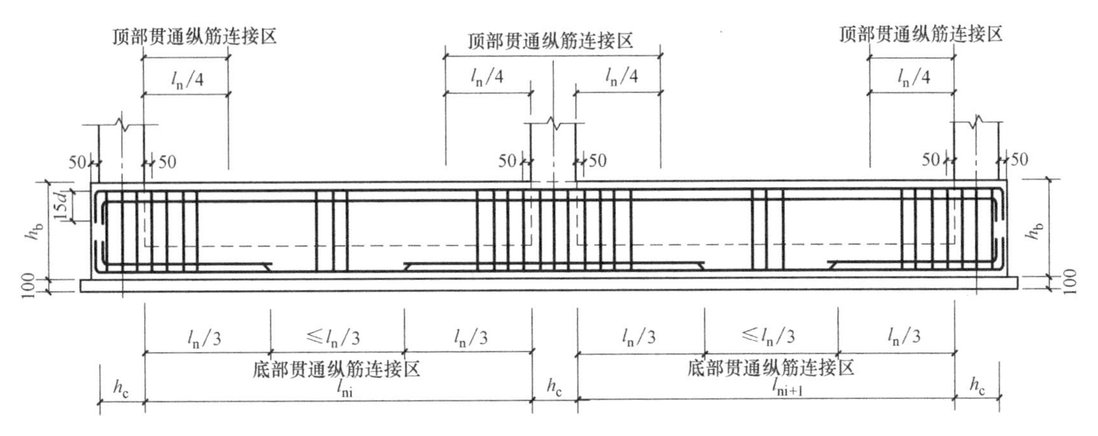

图 6-34 基础主梁无外伸

$$上部贯通筋长度=梁长-2\times c_1+\frac{h_c-2\times c_2}{2} \tag{6-11}$$

$$下部贯通筋长度=梁长-2\times c_1+\frac{h_c-2\times c_2}{2} \tag{6-12}$$

式中 c_1——基础梁端保护层厚度（mm）；

c_2——基础梁上下保护层厚度（mm）。

上部或下部钢筋根数不同时：

$$多出的钢筋长度=梁长-2\times c+左弯折15d+右弯折15d \tag{6-13}$$

式中 c——基础梁保护层厚度（mm）（如基础梁端、基础梁底、基础梁顶保护层不同，应分别计算）；

d——钢筋直径（mm）。

（2）基础主梁等截面外伸构造，如图 6-35 所示。

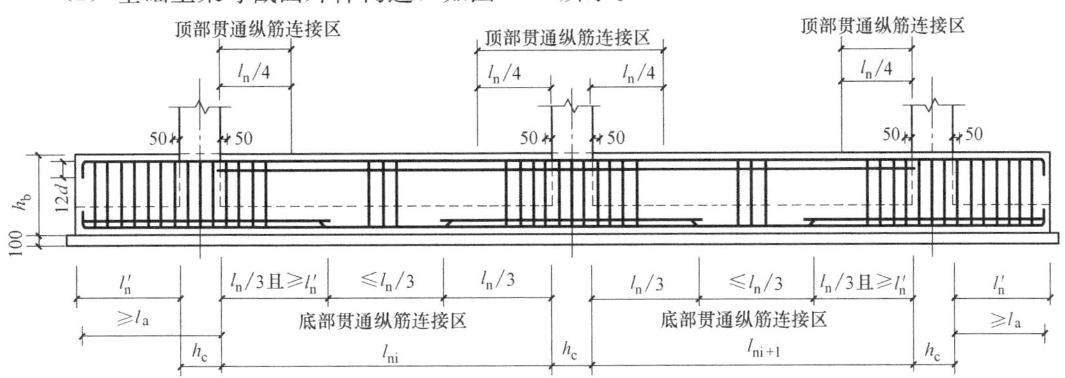

图 6-35 基础主梁等截面外伸构造

$$上部贯通筋长度=梁长-2\times保护层+左弯折12d+右弯折12d \tag{6-14}$$

$$下部贯通筋长度=梁长-2\times保护层+左弯折12d+右弯折12d \tag{6-15}$$

2. 基础主梁非贯通筋翻样

（1）基础梁端部无外伸构造，如图 6-34 所示。

$$下部端支座非贯通钢筋长度=0.5h_c+\max\left(\frac{l_n}{3},1.2l_a+h_b+0.5h_c\right)+\frac{h_b-2\times c}{2} \tag{6-16}$$

$$下部多出的端支座非贯通钢筋长度=0.5h_c+\max\left(\frac{l_n}{3},1.2l_a+h_b+0.5h_c\right)+15d \tag{6-17}$$

$$下部中间支座非贯通钢筋长度=\max\left(\frac{l_n}{3},1.2l_a+h_b+0.5h_c\right)\times 2 \tag{6-18}$$

式中 l_n——左跨与右跨之较大值（mm）；

h_b——基础梁截面高度（mm）；

h_c——沿基础梁跨度方向柱截面高度（mm）；

c——基础梁保护层厚度（mm）。

（2）基础主梁等截面外伸构造，如图 6-35 所示。

$$下部端支座非贯通钢筋长度=外伸长度\ l+\max\left(\frac{l_n}{3},l'_n\right)+12d \tag{6-19}$$

$$下部中间支座非贯通钢筋长度=\max\left(\frac{l_n}{3},l'_n\right)\times 2 \tag{6-20}$$

3. 基础梁架立筋翻样

当梁下部贯通筋的根数小于箍筋的肢数时，在梁的跨中$\frac{1}{3}$跨度范围内必须设置架立筋用来固定箍筋，架立筋与支座负筋搭接 150mm。

$$\begin{aligned}基础梁首跨架立筋长度=&l_1-\max\left(\frac{l_1}{3},1.2l_a+h_b+0.5h_c\right)\\&-\max\left(\frac{l_1}{3},\frac{l_2}{3},1.2l_a+h_b+0.5h_c\right)+2\times 150\end{aligned} \tag{6-21}$$

式中 l_1——首跨轴线至轴线长度（mm）；

l_2——第二跨轴线至轴线长度（mm）。

4. 基础梁拉筋翻样

$$梁侧面拉筋根数=侧面筋道数\ n\times\left(\frac{l_n-50\times 2}{非加密区间距的2倍}+1\right) \tag{6-22}$$

$$梁侧面拉筋长度=(梁宽\ b-保护层厚度\ c\times 2)+4d+2\times 11.9d \tag{6-23}$$

5. 基础梁箍筋翻样

基础梁 JL 配置两种箍筋构造如图 6-36 所示。

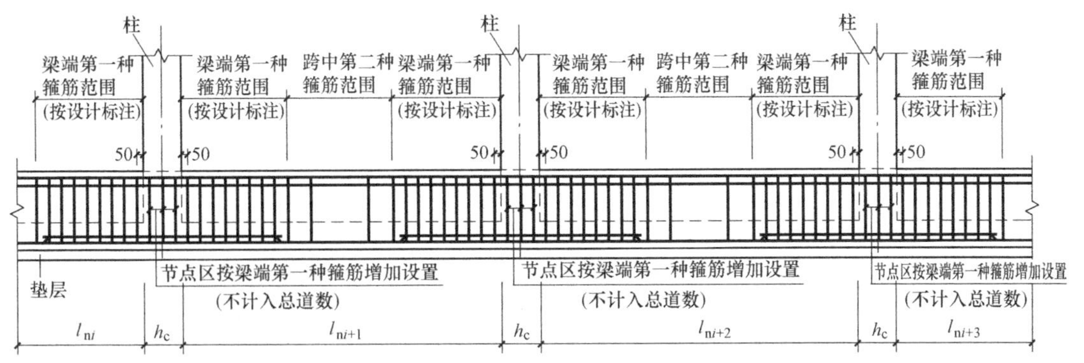

图 6-36 基础梁 JL 配置两种箍筋构造

$$根数=根数1+根数2+\frac{梁净长-2\times50-(根数1-1)\times间距1-(根数2-1)\times间距2}{间距3}-1 \tag{6-24}$$

当设计未标注加密箍筋范围时，箍筋加密区长度 $L_1=\max(1.5\times h_b, 500)$。

$$箍筋根数=2\times(\frac{L_1-50}{加密区间距}+1)+\sum\frac{梁宽-2\times50}{加密区间距}-1+\frac{l_n-2\times L_1}{非加密区间距}-1 \tag{6-25}$$

为了便于计算，箍筋与拉筋弯钩平直段长度按 $10d$ 计算。实际钢筋预算与下料时，应根据箍筋直径和构件是否抗震而定。

$$箍筋预算长度=(b+h)\times2-8\times c+2\times11.9d+8d \tag{6-26}$$

$$箍筋下料长度=(b+h)\times2-8\times c+2\times11.9d+8d-3\times1.75d \tag{6-27}$$

$$内箍预算长度=\left[\left(\frac{b-2\times c-D}{n}-1\right)\times j+D\right]\times2+2\times(h-c)+2\times11.9d+8d \tag{6-28}$$

$$内箍下料长度=\left[\left(\frac{b-2\times c-D}{n}-1\right)\times j+D\right]\times2+2\times(h-c)+2\times11.9d+8d-3\times1.75d \tag{6-29}$$

式中 b——梁宽度（mm）；

c——梁侧保护层厚度（mm）；

D——梁纵筋直径（mm）；

n——梁箍筋肢数；

j——梁内箍包含的主筋孔数；

d——梁箍筋直径（mm）。

6. 基础梁附加箍筋翻样

附加箍筋构造如图 6-37 所示。

附加箍筋间距 $8d$（d 为箍筋直径）且不大于梁正常箍筋间距。

附加箍筋根数如果设计注明则按设计，如果设计只注明间距而没注写具体数量则按平法构造，计算如下：

$$附加箍筋根数=2\times\left(\frac{次梁宽度}{附加箍筋间距}+1\right) \tag{6-30}$$

7. 基础梁附加吊筋翻样

附加（反扣）吊筋构造如图 6-38 所示。

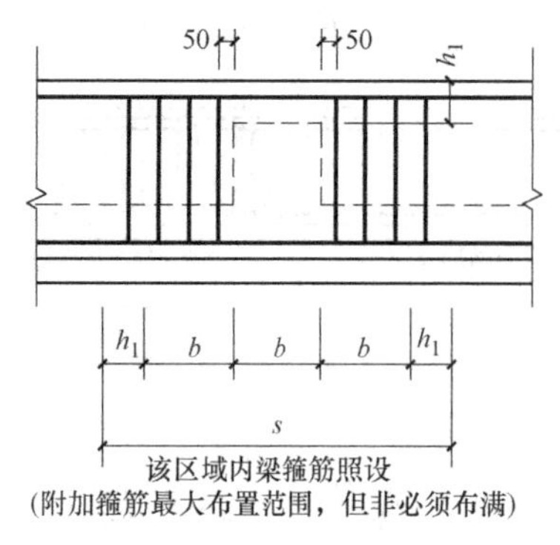

图 6-37 附加箍筋构造

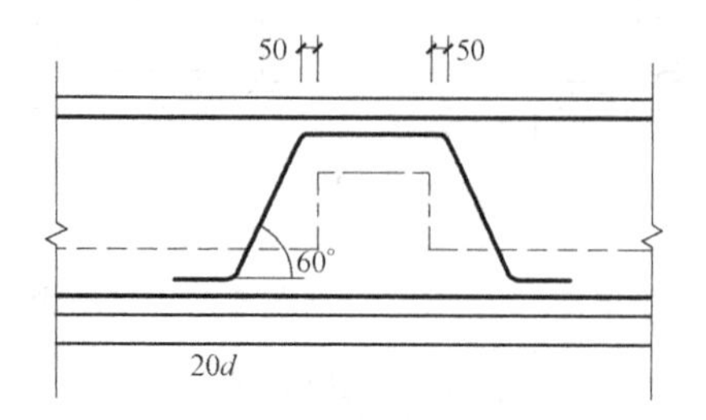

图 6-38 附加（反扣）吊筋构造

（吊筋高度应根据基础梁高度推算，吊筋顶部平直段与基础梁顶部纵筋净跨应满足规范要求，当净跨不足时应置于下一排）

$$\text{附加吊筋长度} = \text{次梁宽} + 2\times50 + \frac{2\times(\text{主梁高}-\text{保护层厚度})}{\sin45^\circ(60^\circ)} + 2\times20d \quad (6\text{-}31)$$

8. 变截面基础梁钢筋翻样

梁变截面包括以下几种情况：上平下不平，下平上不平，上下均不平，左平右不平，右平左不平，左右无不平。

如基础梁下部有高差，低跨的基础梁必须做成 45°或者 60°梁底台阶或者斜坡。

如基础梁有高差，不能贯通的纵筋必须相互锚固。

(1) 当基础下平上不平时，如图 6-39 所示，低跨的基础梁上部纵筋伸入高跨内一个 l_a：

$$\text{高跨梁上部第一排纵筋弯折长度} = \text{高差值} + l_a \quad (6\text{-}32)$$

(2) 当基础上平下不平时，如图 6-40 所示：

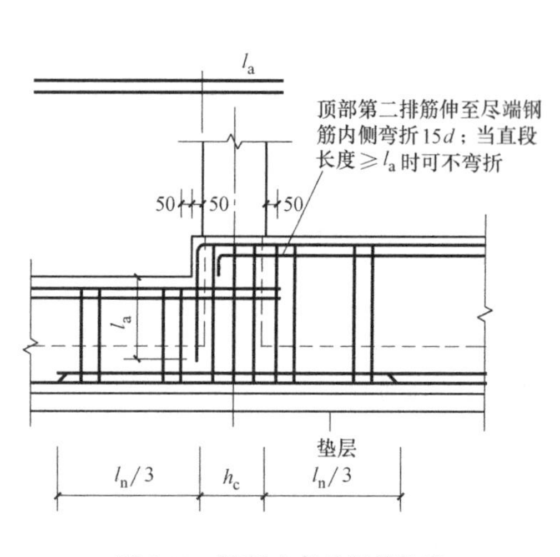

图 6-39 梁顶有高差钢筋构造

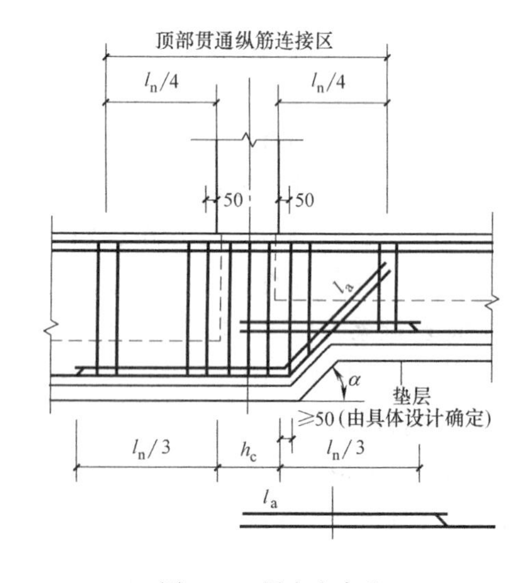

图 6-40 梁底有高差

高跨基础梁下部纵筋伸入低跨梁$=l_a$

低跨梁下部第一排纵筋斜弯折长度

$$=\frac{高差值}{\sin45°(60°)}+l_a \tag{6-33}$$

（3）当基础梁上下均不平时，如图 6-41 所示，低跨的基础梁上部纵筋伸入高跨内一个 l_a：

高跨梁上部第一排纵筋弯折长度=高差值$+l_a$ (6-34)

高跨基础梁下部纵筋伸入低跨内长度$=l_a$ (6-35)

低跨梁下部第一排纵筋斜弯折长度

$$=\frac{高差值}{\sin45°(60°)}+l_a \tag{6-36}$$

如支座两边基础梁宽不同或者梁不对齐，将不能拉通的纵筋伸入支座对边后弯折 15d，如图 6-42 所示。

如支座两边纵筋根数不同，可以将多出的纵筋伸入支座对边后弯折 15d。

9. 基础梁侧腋钢筋翻样

除了基础梁比柱宽且完全形成梁包柱的情形外，基础梁必须加腋，加腋的钢筋直径不小于 12mm 并且不小于柱箍筋直径，间距同柱箍筋间距。在加腋筋内侧梁高位置布置分布筋 ϕ8@200，如图 6-43 所示。

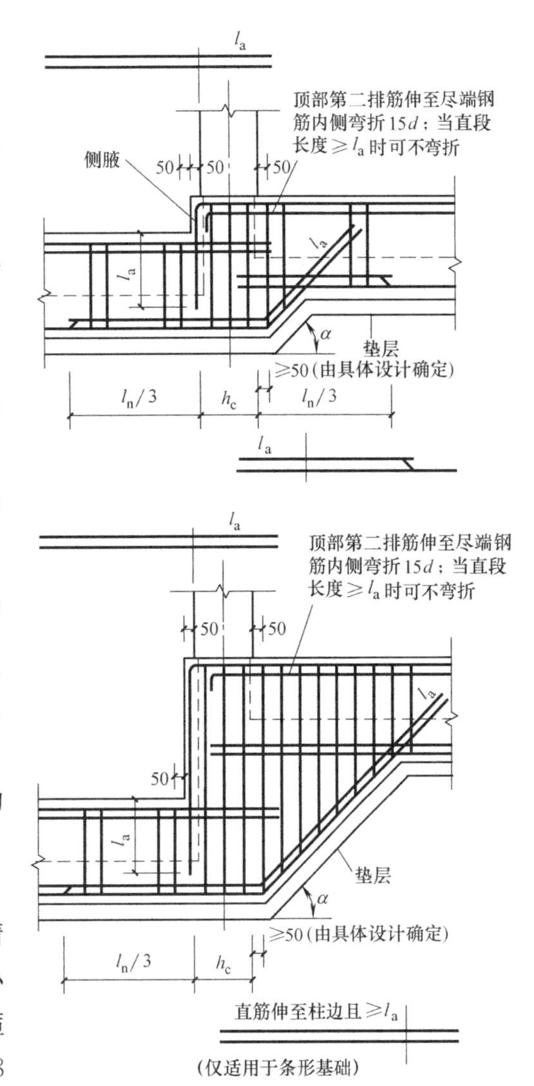

图 6-41　梁底、梁顶均有高差钢筋构造

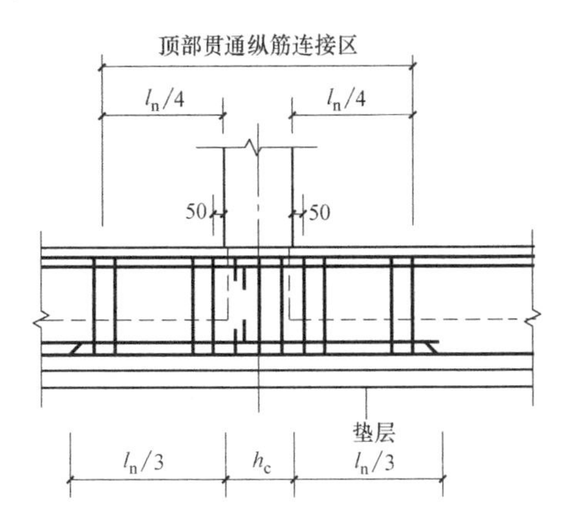

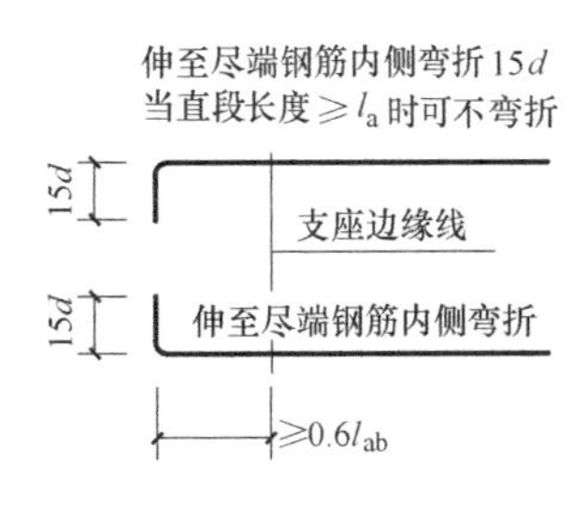

图 6-42　柱两边梁宽不同钢筋构造

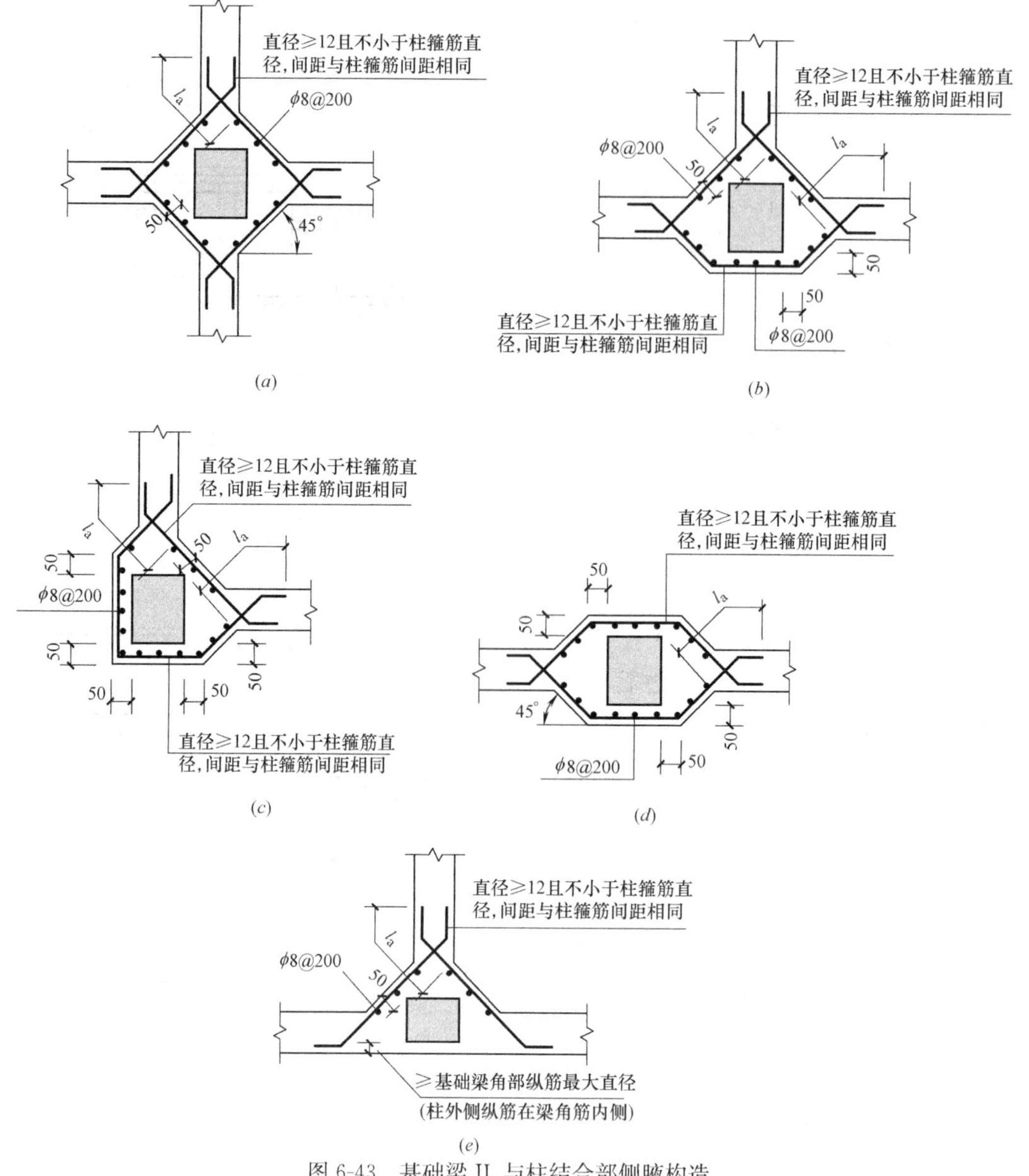

图 6-43 基础梁 JL 与柱结合部侧腋构造

(a) 十字交叉基础梁与柱结合部侧腋构造；(b) 丁字交叉基础梁与柱结合部侧腋构造；(c) 无外伸基础梁与柱结合部侧腋构造；(d) 基础梁中心穿柱侧腋构造；(e) 基础梁偏心穿柱与柱结合部侧腋构造

$$加腋纵筋长度=\sum 侧腋边净长+2\times l_a \quad (6\text{-}37)$$

10. 基础梁竖向加腋钢筋翻样

基础梁竖向加腋钢筋构造，如图 6-44 所示。

加腋上部斜纵筋根数=梁下部纵筋根数－1(且不少于两根，并插空放置)。其箍筋与梁端部箍筋相同。

$$箍筋根数=2\times\frac{1.5\times h_b}{加密区间距}+\frac{l_n-3h_b-2\times c_1}{非加密区间距}-1 \quad (6\text{-}38)$$

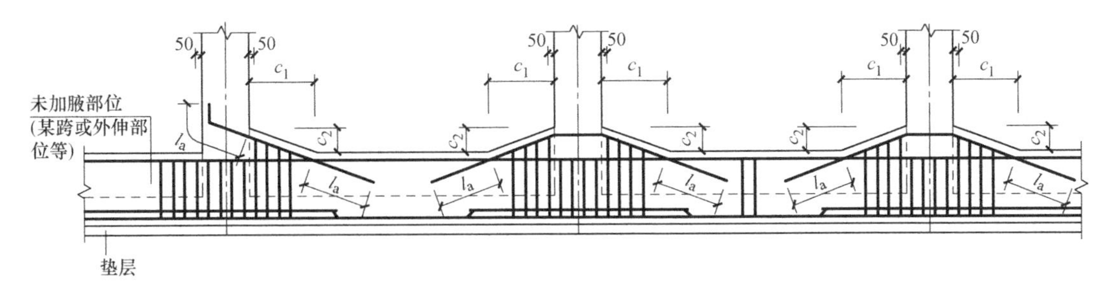

图 6-44 基础梁竖向加腋钢筋构造

$$加腋区箍筋根数=\frac{c_1-50}{箍筋加密区间距}+1 \tag{6-39}$$

$$加腋区箍筋理论长度=2\times b+2\times(2\times h+c_2)-8\times c+2\times 11.9d+8d \tag{6-40}$$

$$加腋区箍筋下料长度=2\times b+2\times(2\times h+c_2)-8\times c+2\times 11.9d+8d-3\times 1.75d \tag{6-41}$$

$$加腋区箍筋最长预算长度=2\times(b+h+c_2)-8\times c+2\times 11.9d+8d \tag{6-42}$$

$$加腋区箍筋最长下料长度=2\times(b+h+c_2)-8\times c+2\times 11.9d+8d-3\times 1.75d \tag{6-43}$$

$$加腋区箍筋最短预算长度=2\times(b+h)-8\times c+2\times 11.9d+8d \tag{6-44}$$

$$加腋区箍筋最短下料长度=2\times(b+h)-8\times c+2\times 11.9d+8d-3\times 1.75d \tag{6-45}$$

$$加腋区箍筋总长缩尺量差=\frac{加腋区箍筋中心线最长长度-加腋区箍筋中心线最短长度}{加腋区箍筋数量}-1 \tag{6-46}$$

$$加腋区箍筋高度缩尺量差=0.5\times\frac{加腋区箍筋中心线最长长度-加腋区箍筋中心线最短长度}{加腋区箍筋数量}-1 \tag{6-47}$$

$$加腋纵筋长度=\sqrt{c_1^2+c_2^2}+2\times l_a \tag{6-48}$$

【例 6-4】 JL03 平法施工图，如图 6-45 所示。求 JL03 的底部贯通纵筋、顶部贯通纵筋及非贯通纵筋。

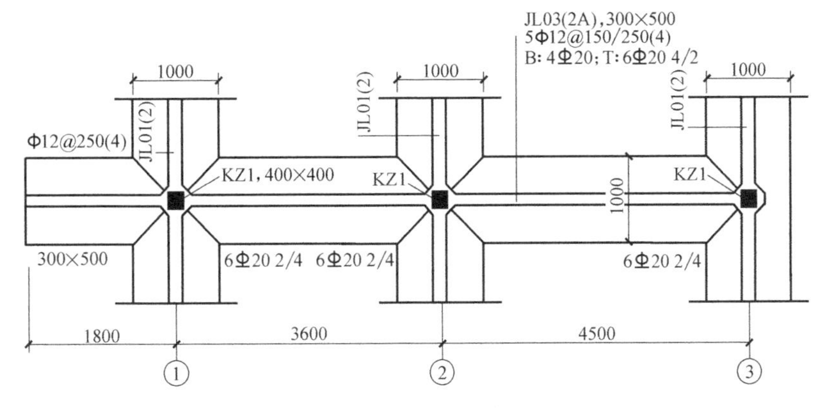

图 6-45 JL03 平法施工图

【解】

（1）底部贯通纵筋 4 Φ 20

长度＝(3600＋4500＋1800＋200＋50)－2×30＋2×15×20

＝10690mm

（2）顶部贯通纵筋上排 4 Φ 20

长度＝(3600＋4500＋1800＋200＋50)－2×30＋2×12×20

＝10570mm

（3）顶部贯通纵筋下排 2 Φ 20

长度＝3600＋4500＋(200＋50－30＋12d)－200＋29d

＝3600＋4500＋(200＋50－30＋12×20)－200＋29×20

＝8940mm

（1）箍筋

外大箍长度＝(300－2×30＋12)×2＋(500－2×30＋12)×2＋2×11.9×12

＝1694mm

内小箍筋长度＝[(300－2×30－20)/3＋20＋12]×2＋(500－2×30＋12)×2＋2×11.9×12

＝1401mm

箍筋根数：

第一跨：5×2＋6＝16 根

两端各 5ϕ12；

中间箍筋根数＝(3600－200×2－50×2－150×5×2)/250－1

＝6根

第二跨：5×2＋9＝19 根

两端各 5ϕ12；

中间箍筋根数＝(4500－200×2－50×2－150×5×2)/250－1

＝9根

节点内箍筋根数＝400/150

＝3 根

外伸部位箍筋根数＝(1800－200－2×50)/250＋1

＝7根

JL03 箍筋总根数为：

外大箍根数＝16＋19＋3×3＋7

＝51根

内小箍根数＝51 根

（1）底部外伸端非贯通筋 2 Φ 20（位于上排）

长度＝延伸长度 l_0/3＋伸至端部

$=4500/3+1800-30$

$=3270mm$

（1）底部中间柱下区域非贯通筋 2Φ20（位于上排）

长度$=2\times l_0/3$

$=2\times4500/3$

$=3000mm$

（1）底部右端（非外伸端）非贯通筋 2Φ20

长度=延伸长度 $l_0/3$+伸至端部

$=4500/3+200+50-30+15d$

$=4500/3+200+50-30+15\times20$

$=2020mm$

【例 6-5】 JL05 平法施工图，如图 6-46 所示。求 JL05 的钢筋。

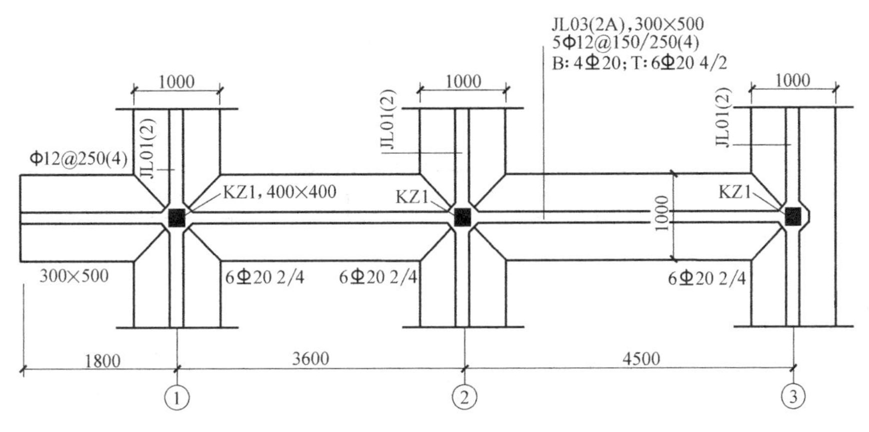

图 6-46 JL03 平法施工图

【解】

（本例以①轴线加腋筋为例，②、③轴位置加腋筋同理）

（1）加腋斜边长

$a=\sqrt{50^2+50^2}=70.71mm$

$b=a+50=120.71mm$

1 号筋加腋斜边长$=2b=2\times120.71=242mm$

（2）1 号加腋筋 ϕ10（本例中 1 号加腋筋对称，只计算一侧）

1 号加腋筋长度=加腋斜边长$+2\times l_a$

$=242+2\times29\times10$

$=822mm$

根数$=300/100+1=4$ 根（间距同柱箍筋间距 100）

分布筋（ϕ8@200）

长度$=300-2\times25=250mm$

根数＝242/200＋1＝3 根

（3）1 号加腋筋 φ12

加腋斜边长＝400＋2×50＋2×$\sqrt{100^2+100^2}$＝783mm

2 号加腋筋长度＝783＋2×29d＝783＋2×29×10＝1363mm

根数＝300/100＋1＝4 根（间距同柱箍筋间距 100）

分布筋（ϕ8@200）

长度＝300－2×25＝250mm

根数＝783/200＋1＝5 根

6.2.4 基础次梁钢筋翻样计算

1. 基础次梁纵筋

基础次梁纵向钢筋与箍筋构造，见图 6-47。其端部外伸部位钢筋构造如图 6-48 所示。

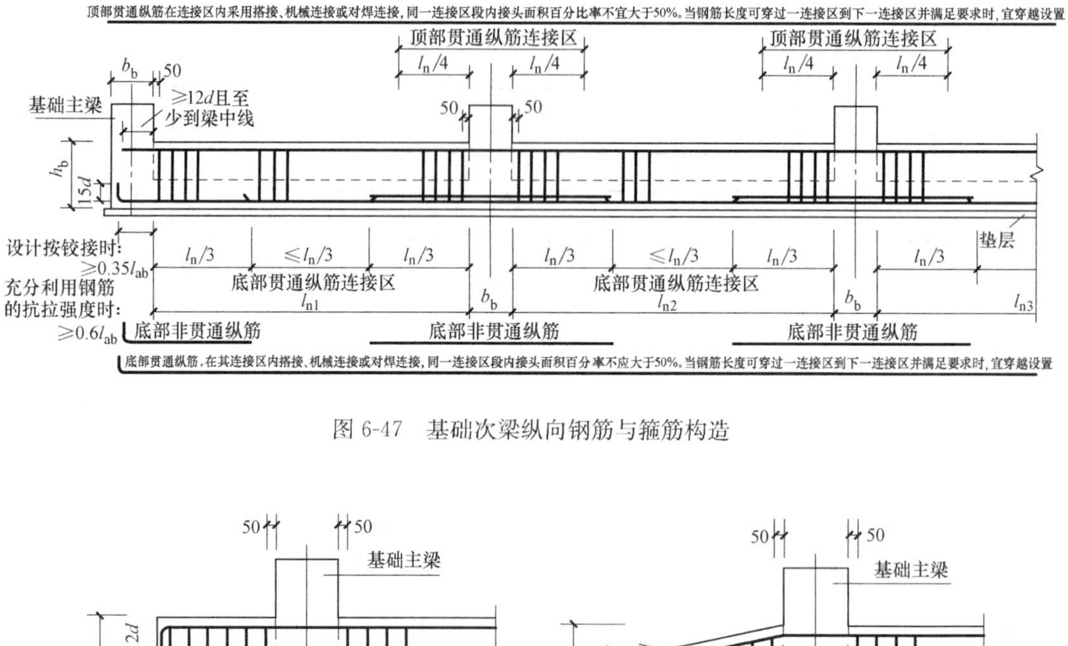

顶部贯通纵筋在连接区内采用搭接、机械连接或对焊连接，同一连接区段内接头面积百分比率不宜大于50%。当钢筋长度可穿过一连接区到下一连接区并满足要求时，宜穿越设置

顶部贯通纵筋连接区

$l_n/4$

b_b 50

基础主梁

≥12d且至少到梁中线

h_b

15d

垫层

设计按铰接时：≥0.35l_{ab}

充分利用钢筋的抗拉强度时：≥0.6l_{ab}

$l_n/3$ ≤$l_n/3$ $l_n/3$

底部贯通纵筋连接区

l_{n1} b_b l_{n2} l_{n3}

底部非贯通纵筋

底部贯通纵筋，在其连接区内搭接、机械连接或对焊连接，同一连接区段内接头面积百分率不应大于50%。当钢筋长度可穿过一连接区到下一连接区并满足要求时，宜穿越设置

图 6-47 基础次梁纵向钢筋与箍筋构造

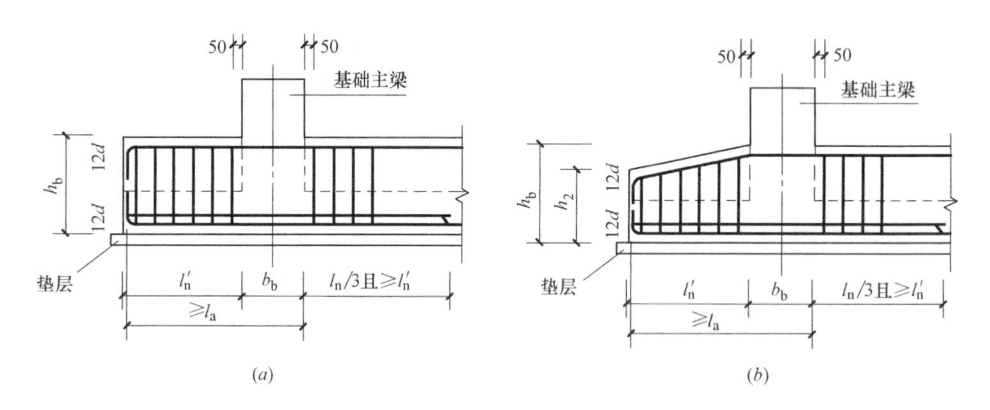

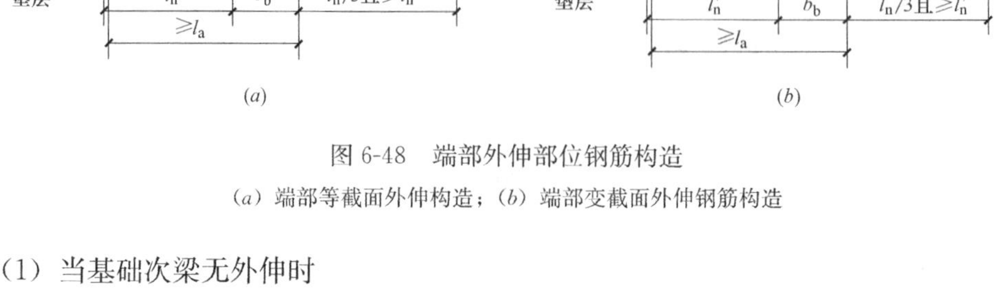

图 6-48 端部外伸部位钢筋构造

（a）端部等截面外伸构造；（b）端部变截面外伸钢筋构造

（1）当基础次梁无外伸时

$$上部贯通筋长度=梁净跨长+左\max(12d,0.5h_b)+右\max(12d,0.5h_b) \quad (6\text{-}49)$$

$$下部贯通筋长度=梁净跨长+2\times l_a \quad (6\text{-}50)$$

（2）当基础次梁外伸时

$$上部贯通筋长度=梁长=2\times保护层厚度+左弯折12d+右弯折12d \quad (6\text{-}51)$$

$$下部贯通筋长度=梁长-2\times保护层+左弯折12d+右弯折12d \quad (6\text{-}52)$$

2. 基础次梁非贯通筋

（1）基础次梁无外伸时

$$下部端支座非贯通钢筋长度=0.5b_b+\max\left(\frac{l_n}{3},1.2l_a+h_b+0.5b_b\right)+12d \quad (6\text{-}53)$$

$$下部中间支座非贯通钢筋长度=\max\left(\frac{l_n}{3},1.2l_a+h_b+0.5b_b\right)\times2 \quad (6\text{-}54)$$

式中 l_n——左跨和右跨之较大值；

h_b——基础次梁截面高度；

b_b——基础主梁宽度；

c——基础梁保护层厚度。

（2）基础次梁外伸时

$$下部端支座非贯通钢筋长度=外伸长度\ l+\max\left(\frac{l_n}{3},1.2l_a+h_b+0.5b_b\right)+12d \quad (6\text{-}55)$$

$$下部端支座非贯通第二排钢筋长度=外伸长度\ l+\max\left(\frac{l_n}{3},1.2l_a+h_b+0.5b_b\right) \quad (6\text{-}56)$$

$$下部中间支座非贯通钢筋长度=\max\left(\frac{l_n}{3},1.2l_a+h_b+0.5b_b\right)\times2 \quad (6\text{-}57)$$

3. 基础次梁侧面纵筋算法

$$梁侧面筋根数=2\times\left(\frac{梁高\ h-保护层厚度-筏板厚\ b}{梁侧面筋间距}-1\right) \quad (6\text{-}58)$$

$$梁侧面构造纵筋长度=l_{n1}+2\times15d \quad (6\text{-}59)$$

4. 基础次梁架立筋算法

当梁下部贯通筋的根数少于箍筋的肢数时，在梁的跨中$\frac{1}{3}$跨度范围内须设置架立筋用来固定箍筋，架立筋与支座负筋搭接 150mm。

$$\begin{aligned}基础梁首跨架立筋长度=&l_1-\max\left(\frac{l_1}{3},1.2l_a+h_b+0.5b_b\right)\\&-\max\left(\frac{l_1}{3},\frac{l_2}{3},1.2l_a+h_b+0.5b_b\right)+2\times150\end{aligned} \quad (6\text{-}60)$$

$$\begin{aligned}基础梁中间跨架立筋长度=&l_{n2}-\max\left(\frac{l_1}{3},\frac{l_2}{3},1.2l_a+h_b+0.5b_b\right)\\&=\max\left(\frac{l_2}{3},\frac{l_3}{3},1.2l_a+h_b+0.5b_b\right)+2\times150\end{aligned} \quad (6\text{-}61)$$

式中 l_1——首跨轴线到轴线长度；

l_2——第二跨轴线到轴线长度；

l_3——第三跨轴线到轴线长度；

l_n——中间第 n 跨轴线到轴线长度；

l_{n2}——中间第 2 跨轴线到轴线长度。

5. 基础次梁拉筋算法

$$\text{梁侧面拉筋根数}=\text{侧面筋道数}\ n\times\left(\frac{l_n-50\times2}{\text{非加密区间距的2倍}}+1\right) \tag{6-62}$$

$$\text{梁侧面拉筋长度}=(\text{梁宽}\ b-\text{保护层厚度}\ c\times2)+4d+2\times11.9d \tag{6-63}$$

6. 基础次梁箍筋算法

基础次梁 JCL 配置两种箍筋构造，见图 6-49。

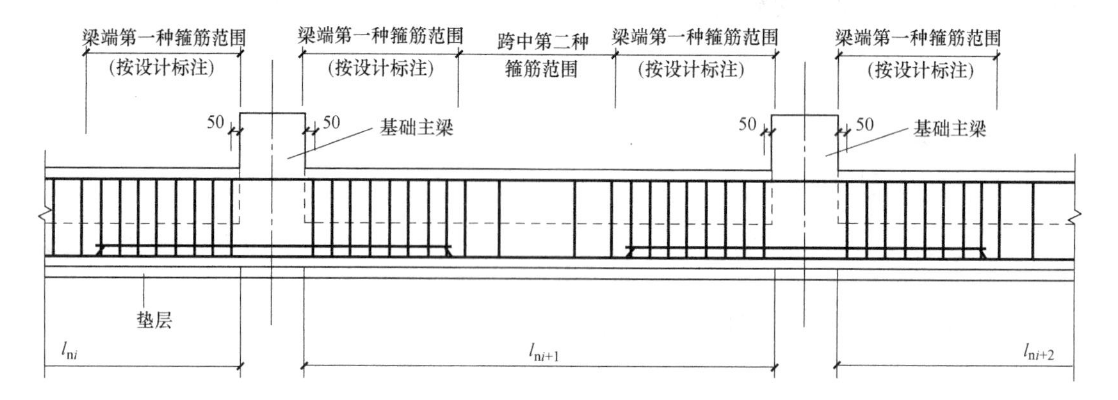

图 6-49 基础次梁 JCL 配置两种箍筋构造

注：l_{ni} 为基础次梁的本跨净跨值。

$$\text{箍筋根数}=\sum\text{根数1}+\text{根数2}+\frac{\text{梁净长}-2\times50-(\text{根数1}-1)\times\text{间距1}-(\text{根数2}-1)\times\text{间距2}}{\text{间距3}}-1 \tag{6-64}$$

当设计未注明加密箍筋范围时：

$$\text{箍筋加密区长度}\ L_1=\max(1.5\times h_b,500) \tag{6-65}$$

$$\text{箍筋根数}=2\times\left(\frac{L_1-50}{\text{加密区间距}}+1\right)+\frac{l_n-2\times L_1}{\text{非加密区间距}}-1 \tag{6-66}$$

$$\text{箍筋预算长度}=(b+h)\times2-8\times c+2\times11.9d+8d \tag{6-67}$$

$$\text{箍筋下料长度}=(b+h)\times2-8\times c+2\times11.9d+8d-3\times1.75d \tag{6-68}$$

$$\text{内箍预算长度}=\left[\left(\frac{b-2\times c-D}{n}-1\right)\times j+d\right]\times2+2\times(h-c)+2\times11.9d+8d \tag{6-69}$$

$$\text{内箍下料长度}=\left[\left(\frac{b-2\times c-D}{n}-1\right)\times j+d\right]\times2+2\times(h-c)+2\times11.9d+8d-3\times1.75d \tag{6-70}$$

式中 b——梁宽度；

c——梁侧保护层厚度；

D——梁纵筋直径；

n——梁箍筋肢数；

j——内箍包含的主筋孔数；

d——梁箍筋直径。

7. 变截面基础次梁钢筋算法

梁变截面有几种情况：上平下不平，下平上不平，上下均不平，左平右不平，右平左不平，左右无不平。

当基础次梁下部有高差时，低跨的基础梁必须做成45°或60°梁底台阶或斜坡。

当基础次梁有高差时，不能贯通的纵筋必须相互锚固。

当基础次梁下平上不平时，如图6-50所示：

低跨梁上部纵筋伸入基础主梁内 max（$12d$，$0.5h_b$）；

高跨梁上部纵筋伸入基础主梁内 max（$12d$，$0.5h_b$）。

当基础次梁上平下不平时，如图6-51所示：

高跨的基础梁下部纵筋伸入高跨内长度$=l_a$

$$\text{低跨梁下部第一排纵筋斜弯折长度}=\frac{\text{高差值}}{\sin 45^\circ(60^\circ)}+l_a \tag{6-71}$$

当基础次梁上下均不平时，如图6-52所示：

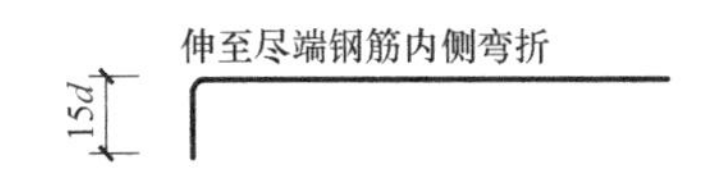

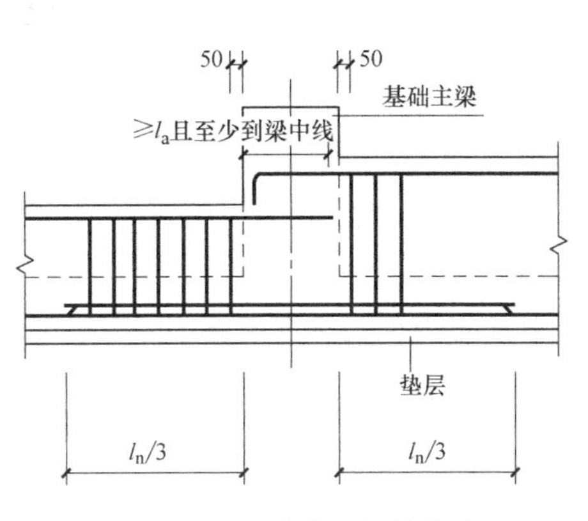

图6-50 梁顶有高差钢筋构造

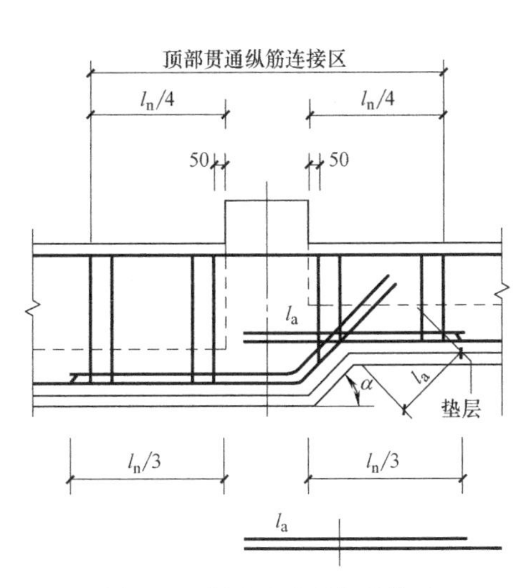

图6-51 梁底有高差钢筋构造

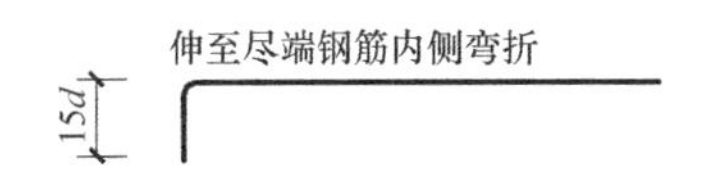

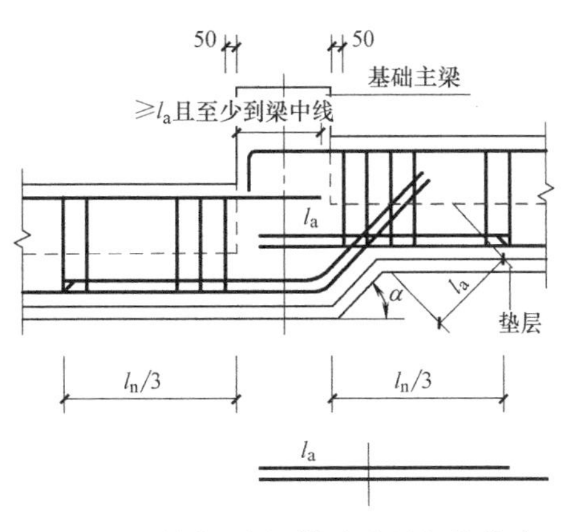

图6-52 梁底、梁顶均有高差钢筋构造

低跨梁上部纵筋伸入基础主梁内 max（$12d$，$0.5h_b$）；

高跨梁上部纵筋伸入基础主梁内 max（$12d$，$0.5h_b$）。

高跨的基础梁下部纵筋伸入高跨内长度$=l_a$

$$低跨梁下部第一排纵筋斜弯折长度=\frac{高差值}{\sin45°(60°)}+l_a \tag{6-72}$$

当支座两边基础梁宽不同或梁不对齐时，将不能拉通的纵筋伸入支座对边后弯折 $15d$，如图 6-53 所示。

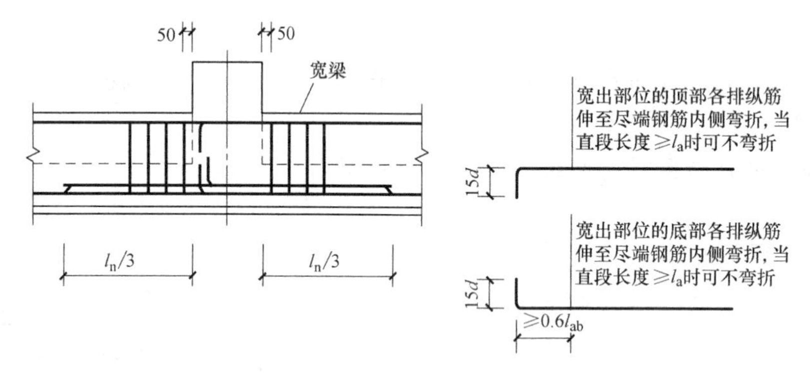

图 6-53 支座两边梁宽不同钢筋构造

当支座两边纵筋根数不同时，可将多出的纵筋伸入支座对边后弯折 $15d$。

6.2.5 梁板式筏形基础底板钢筋翻样

1. 端部无外伸构造

梁板式筏形基础端部无外伸构造如图 6-54 所示。

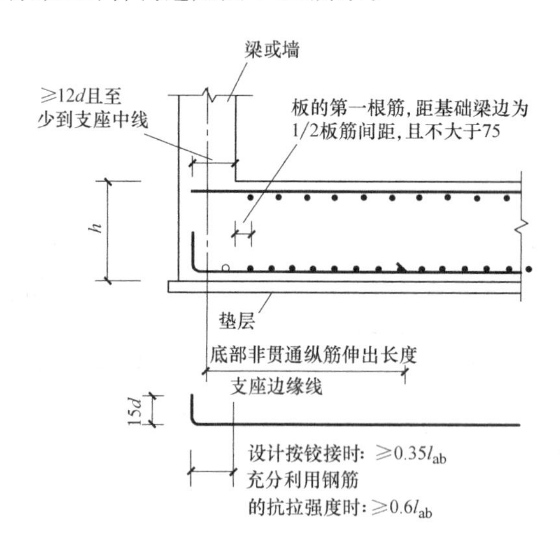

图 6-54 梁板式筏形基础端部无外伸构造

$$底部贯通筋长度=筏板长度-2\times保护层厚度+弯折长度2\times15d \tag{6-73}$$

即使底部锚固区水平段长度满足不小于 $0.4l_a$时，底部纵筋也必须伸至基础梁箍筋内侧。

$$上部贯通筋长度=筏板净跨长+\max(12d,0.5h_c) \tag{6-74}$$

2. 端部有外伸构造

端部外伸部位钢筋构造如图 6-55 所示。

$$底部贯通筋长度=筏板长度-2\times保护层厚度+弯折长度 \tag{6-75}$$

$$上部贯通筋长度=筏板长度-2\times保护层厚度+弯折长度 \tag{6-76}$$

弯折长度算法：

（1）弯钩交错封边构造如图 6-56 所示。

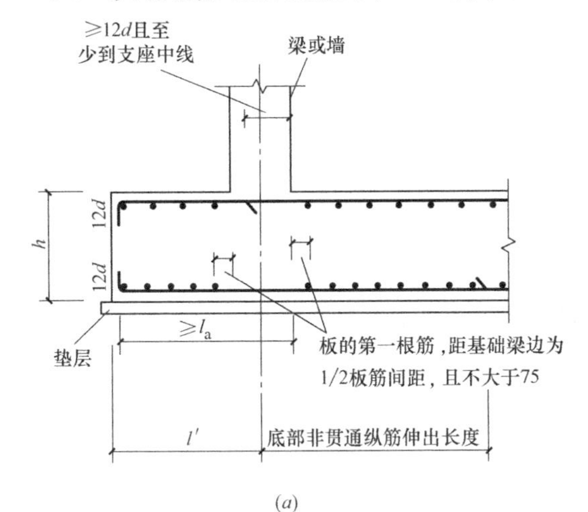

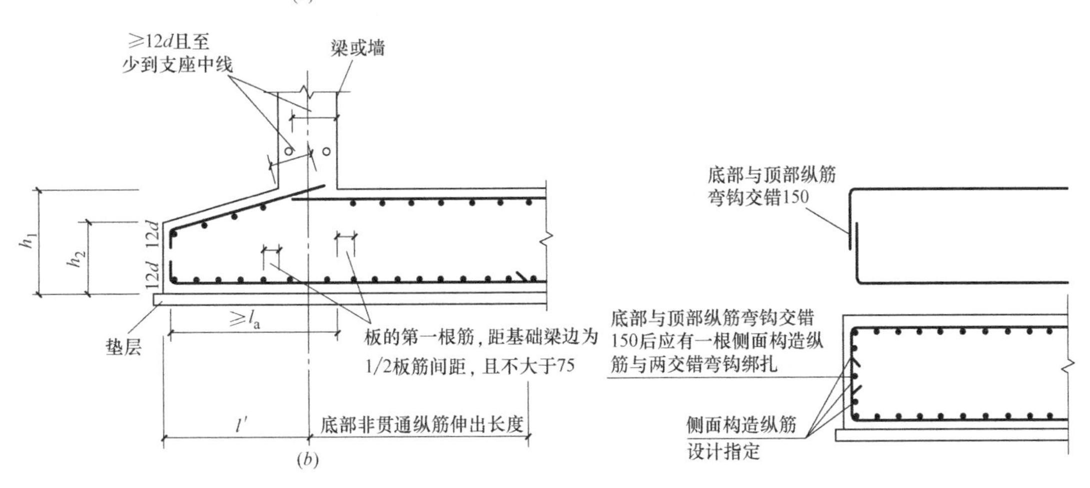

图 6-55 端部外伸部位钢筋构造

（*a*）端部等截面外伸构造；（*b*）端部变截面外伸钢筋构造

图 6-56 弯钩交错封边构造

$$弯折长度=\frac{筏板高度}{2}-保护层厚度+75\text{mm} \tag{6-77}$$

（2）U 形封边构造如图 6-57 所示。

$$弯折长度=12d$$

$$U形封边长度=筏板高度-2\times保护层厚度+2\times12d \quad (6\text{-}78)$$

（3）无封边构造如图 6-58 所示。

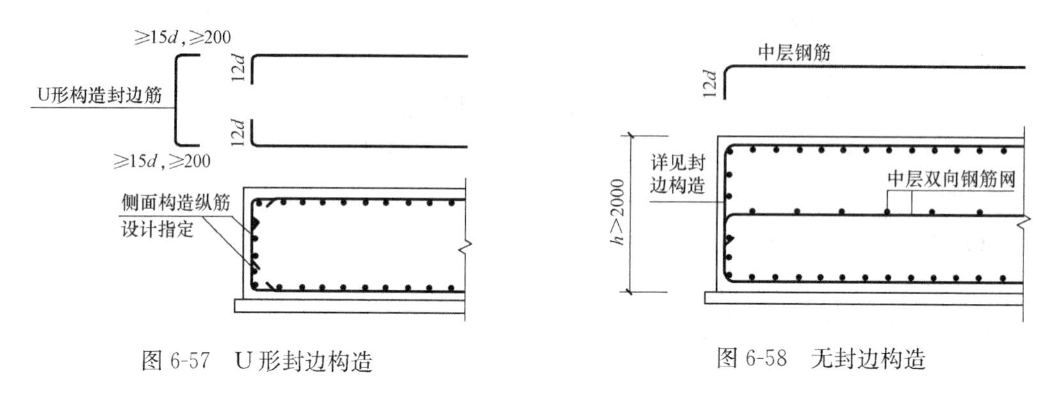

图 6-57 U 形封边构造　　图 6-58 无封边构造

$$弯折长度=12d$$

$$中层钢筋网片长度=筏板长度-2\times保护层厚度+2\times12d \quad (6\text{-}79)$$

3. 梁板式筏形基础平板变截面钢筋翻样

筏板变截面包括以下几种情况：板底有高差，板顶有高差，板底、板顶均有高差。

如筏板下部有高差，低跨的筏板必须做成 45°或者 60°梁底台阶或者斜坡。

如筏板梁有高差，不能贯通的纵筋必须相互锚固。

（1）基础筏板板顶有高差构造如图 6-59 所示。

$$低跨筏板上部纵筋伸入基础梁内长度=\max(12d, 0.5h_b) \quad (6\text{-}80)$$

$$高跨筏板上部纵筋伸入基础梁内长度=\max(12d, 0.5h_b) \quad (6\text{-}81)$$

（2）板底有高差构造如图 6-60 所示。

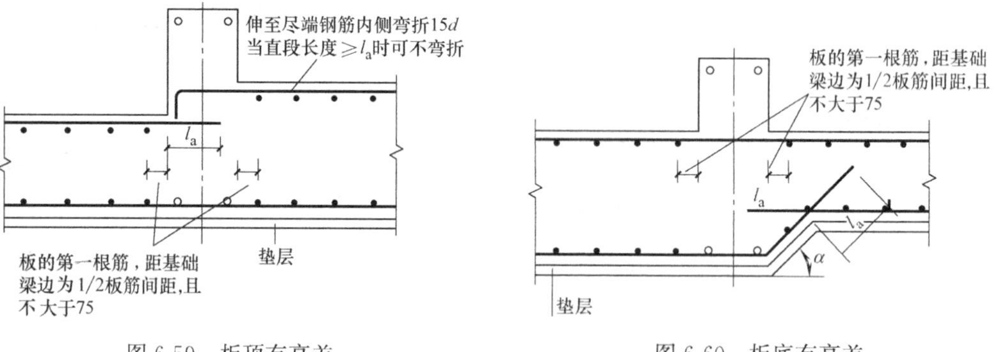

图 6-59 板顶有高差　　图 6-60 板底有高差

$$高跨基础筏板下部纵筋伸入高跨内长度=l_a$$

$$低跨基础筏板下部纵筋斜弯折长度=\frac{高差值}{\sin45°(60°)}+l_a \quad (6\text{-}82)$$

（3）板顶、板底均有高差构造如图 6-61 所示。

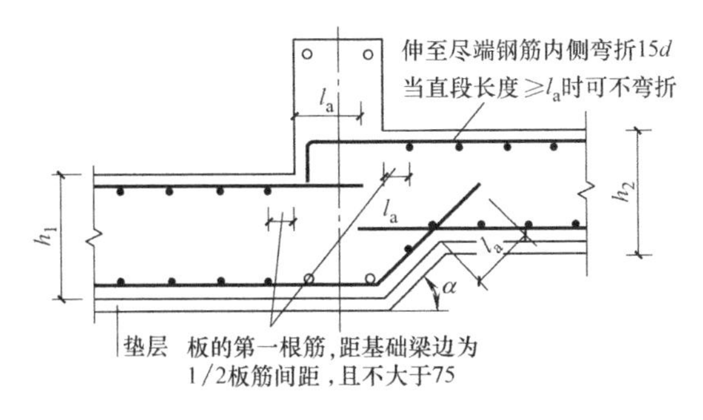

图 6-61 板顶、板底均有高差

低跨基础筏板上部纵筋伸入基础主梁内 max（$12d$，$0.5h_b$）。

高跨基础筏板上部纵筋伸入基础主梁内 max（$12d$，$0.5h_b$）。

$$高跨的基础筏板下部纵筋伸入高跨内长度=l_a$$

$$低跨的基础筏板下部纵筋斜弯折长度=\frac{高差值}{\sin45°(60°)}+l_a \tag{6-83}$$

【例 6-6】 计算如图 6-62 所示 LPB01 中的钢筋预算量。

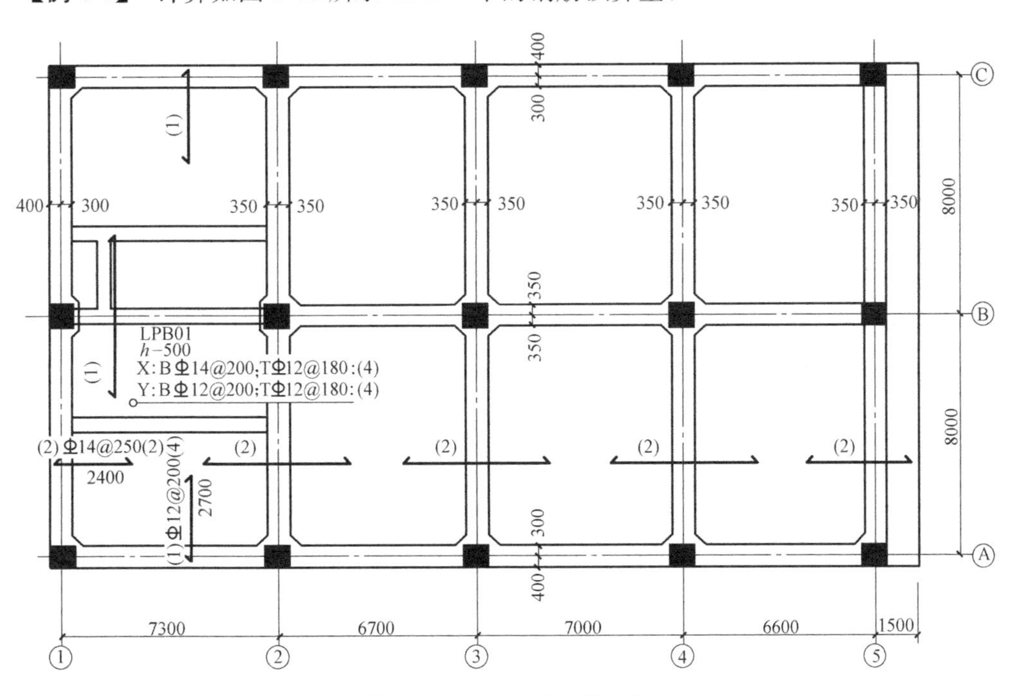

图 6-62 LPB01 平法施工图

注：外伸端采用 U 形封边构造，U 形钢筋为Φ 20@300，封边处侧部构造筋为 2 Φ 8。

【解】

保护层厚为 40mm，锚固长度 $l_a=29d$，不考虑接头。

（1）X 向板底贯通纵筋Φ 14@200

计算依据：

左端无外伸，底部贯通纵筋伸至端部弯折 15*d*；右端外伸，采用 U 形封边方式，底部贯通纵筋伸至端部弯折 12*d*

长度＝7300＋6700＋7000＋6600＋1500＋400－2×40＋15*d*＋12*d*

＝7300＋6700＋7000＋6600＋1500＋400－2×40＋15×14＋12×14

＝29798mm

接头个数＝29852/9000－1

＝3 个

根数＝(8000×2＋800－100×2)/200＋1

＝84根

注：取配置较大方向的底部贯通纵筋，即 X 向贯通纵筋满铺，计算根数时不扣基础梁所占宽度

（2）Y 向板顶贯通纵筋Φ 12@200

计算依据：

两端无外伸，底部贯通纵筋伸至端部弯折 15*d*

长度＝8000×2＋2×400－2×40＋2×15*d*

＝8000×2＋2×400－2×40＋2×15×12

＝17080mm

接头个数＝17140/9000－1

＝1 个

根数＝(7300＋6700＋7000＋6600＋1500－2750)/200＋1

＝133 根

（3）X 向板顶贯通纵筋Φ 12@180

计算依据：

左端无外伸，顶部贯通纵筋锚入梁内 max（12*d*，0.5 梁宽）；右端外伸，采用 U 形封边方式，底部贯通纵筋伸至端部弯折 12*d*

长度＝7300＋6700＋7000＋6600＋1500＋400－2×40＋max(12*d*,350)＋12*d*

＝7300＋6700＋7000＋6600＋1500＋400－2×40＋max(12×12,350)＋12×12

＝29914mm

接头个数＝29914/9000－1

＝3 个

根数＝(8000×2－600－700)/180＋1

＝83根

（4）Y 向板顶贯通纵筋Φ 12@180

计算依据：

长度与 Y 向板底部贯通纵筋相同；两端无外伸，底部贯通纵筋伸至端部弯折 15*d*。

长度＝8000×2＋2×400－2×40＋2×15*d*

＝8000×2＋2×400－2×40＋2×15×12

=17080mm

接头个数=17080/9000−1

=1 个

根数=(7300+6700+7000+6600+1500−2750)/180+1

=148根

(5)(2)号板底部非贯通纵筋Φ 12@200(①轴)

计算依据:

左端无外伸,底部贯通纵筋伸至端部弯折 15d

长度=2400+400−40+15d

=2400+400−40+15×12

=2940mm

根数=(8000×2+800−100×2)/200+1

=84根

(6)(2)号板底部非贯通纵筋Φ 14@200(②、③、④轴)

长度=2400×2

=4800mm

根数= (8000×2+800−100×2)/200+1

=84 根

(7)(2)号板底部非贯通纵筋Φ 12@200(⑤轴)

计算依据:

右端外伸,采用 U 形封边方式,底部贯通纵筋伸至端部弯折 12d。

长度=2400+1500−40+12d

=2400+1500−40+12×12

=4004mm

根数=(8000×2+800−100×2)/200+1

=84根

(8)(1)号板底部非贯通纵筋Φ 12@200(Ⓐ、Ⓒ轴)

长度=2700+400−40+15d

=2700+400−40+15×12

=3240mm

根数=(7300+6700+7000+6600+1500−2750)/200+1

=133根

(9)(1)号板底部非贯通纵筋Φ 12@200(⑧轴)

长度=2700×2

=5400mm

根数=(7300+6700+7000+6600+1500−2750)/200+1

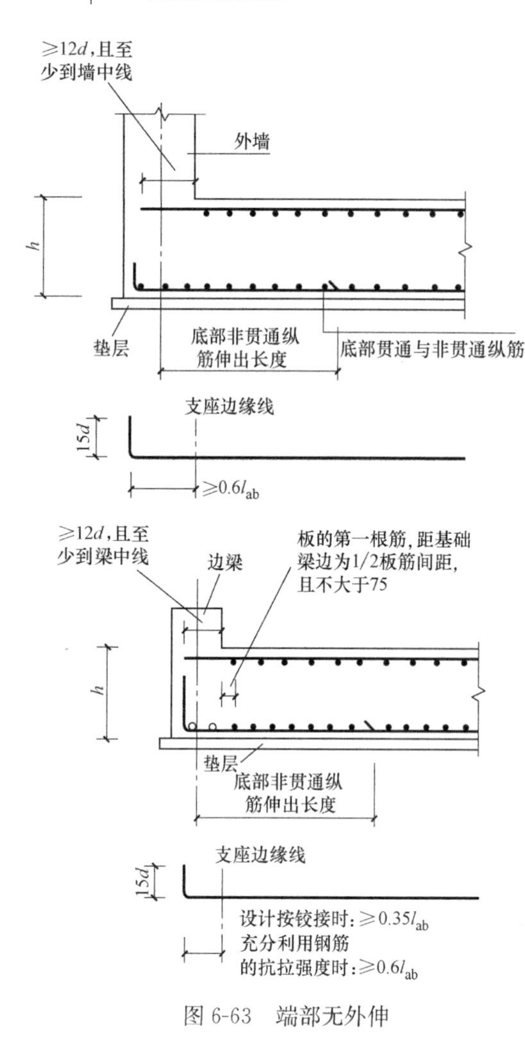

图 6-63　端部无外伸

=133 根

（10）U 形封边筋Φ 20@300

长度=板厚－上下保护层+2×12d

=500－40×2+2×12×20

=900mm

根数=(8000×2+800－2×40)/300+1

=57 根

（11）U 形封边侧部构造筋 4 Φ 8

长度=8000×2+400×2－2×40

=16720mm

构造搭接个数=16720/9000－1

=1 个

构造搭接长度=150mm

6.2.6　平板式筏形基础底板钢筋翻样

平板式筏基相当于无梁板，是无梁基础底板。

1. 端部无外伸时

端部无外伸时，如图 6-63 所示。

板边缘遇墙身或柱时：

底部贯通筋长度=筏板长度－2×保护层厚度+2×max(1.7l_a,筏板高度 h－保护层厚度)　　(6-84)

其他部位按侧面封边构造：

上部贯通筋长度=筏板净跨长+max(边柱宽+15d,l_a)　　(6-85)

2. 端部外伸时

端部外伸时，如图 6-64 所示。

底部贯通筋长度=筏板长度－2×保护层厚度+弯折长度　　(6-86)

上部贯通筋长度=筏板长度－2×保护层厚度+弯折长度　　(6-87)

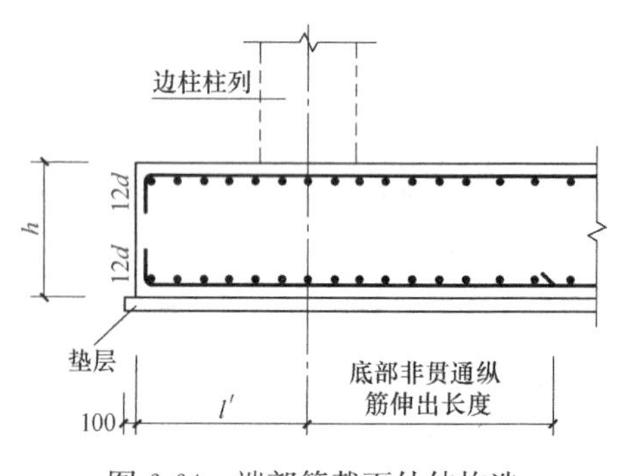

图 6-64　端部等截面外伸构造

弯折长度算法：

第一种弯钩交错封边时：

$$弯折长度=\frac{筏板高度}{2}-保护层厚度+75\text{mm} \tag{6-88}$$

第二种U形封边构造时：

$$弯折长度=12d$$

$$U形封边长度=筏板高度-2\times保护层厚度+12d+12d \tag{6-89}$$

第三种无封边构造时：

$$弯折长度=12d$$

$$中层钢筋网片长度=筏板长度-2\times保护层厚度+2\times12d \tag{6-90}$$

3. 平板式筏形基础变截面钢筋算法

平板式筏板变截面有几种情况：板顶有高差，板底有高差，板顶、板底均有高差。

当平板式筏形基础下部有高差时，低跨的基础梁必须做成45°或60°梁底台阶或斜坡。

当平板式筏形基础有高差时，不能贯通的纵筋必须相互锚固。

（1）当筏板顶有高差时（图6-65），低跨的筏板上部纵筋伸入高跨内一个l_a。

$$高跨筏板上部第一排纵筋弯折长度=高差值+l_a \tag{6-91}$$

（2）当筏板底有高差时（图6-66）：

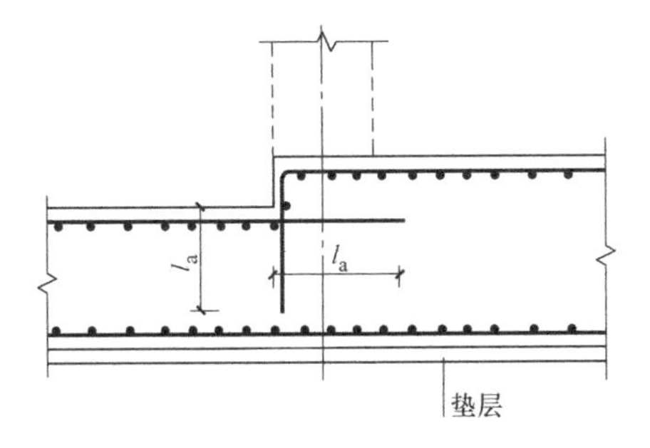

图6-65 筏板顶有高差

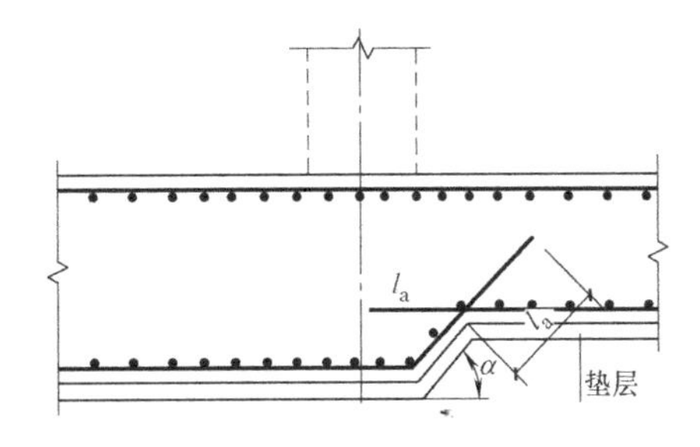

图6-66 筏板底有高差

$$高跨的筏板下部纵筋伸入高跨内长度=l_a$$

$$低跨的筏板下部第一排纵筋斜弯折长度=\frac{高差值}{\sin45^\circ(60^\circ)}+l_a \tag{6-92}$$

（3）当基础筏板顶、板底均有高差时（图6-67），低跨的筏板上部纵筋伸入高跨内一个l_a。

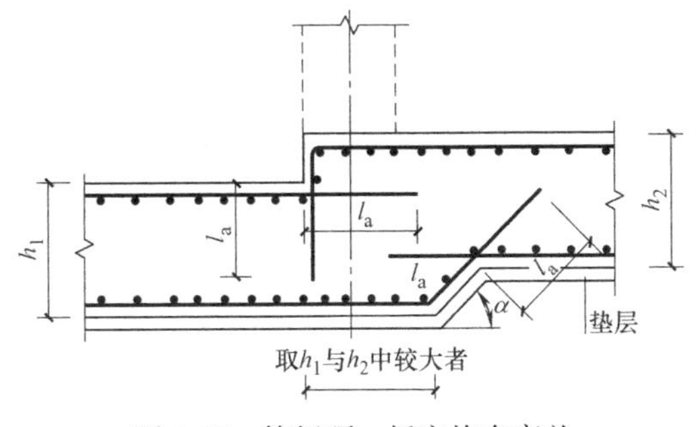

图6-67 筏板顶、板底均有高差

$$\text{高跨筏板上部第一排纵筋弯折长度}=\text{高差值}+l_a \tag{6-93}$$

$$\text{高跨的筏板下部纵筋伸入高跨内长度}=l_a$$

$$\text{低跨的筏板下部第一排纵筋斜弯折长度}=\frac{\text{高差值}}{\sin45^\circ(60^\circ)}+l_a \tag{6-94}$$

4. 筏形基础拉筋算法

$$\text{拉筋长度}=\text{筏板高度}-\text{上下保护层}+2\times11.9d+2d \tag{6-95}$$

$$\text{拉筋根数}=\frac{\text{筏板净面积}}{\text{拉筋}\,X\,\text{方向间距}\times\text{拉筋}\,Y\,\text{方向间距}} \tag{6-96}$$

5. 筏形基础马凳筋算法

$$\text{马凳筋长度}=\text{上平直段长}+2\times\text{下平直段长度}+\text{筏板高度}-\text{上下保护层}-\sum(\text{筏板上部纵筋直径}+\text{筏板底部最下层纵筋直径}) \tag{6-97}$$

$$\text{马凳筋根数}=\frac{\text{筏板净面积}}{\text{间距}\times\text{间距}} \tag{6-98}$$

马凳筋间距一般为 1000mm。

参 考 文 献

[1] 中国建筑标准设计研究院. 16G101-1 混凝土结构施工图平面整体表示方法制图规则和构造详图（现浇混凝土框架、剪力墙、梁、板）. 北京：中国计划出版社，2016.

[2] 中国建筑标准设计研究院. 16G101-3 混凝土结构施工图平面整体表示方法制图规则和构造详图（独立基础、条形基础、筏形基础、桩基础）[S]. 北京：中国计划出版社，2016.

[3] 国家标准. 中国地震动参数区划图 GB 18306—2015 [S]. 北京：中国标准出版社，2016.

[4] 国家标准. 建筑地基基础设计规范 GB 50007—2011 [S]. 北京：中国计划出版社，2012.

[5] 国家标准. 混凝土结构设计规范（2015 年版） GB 50010—2010 [S]. 北京：中国建筑工业出版社，2015.

[6] 国家标准. 建筑抗震设计规范 GB 50011—2010 [S]. 北京：中国建筑工业出版社，2010.

[7] 国家标准. 建筑结构制图标准 GB/T 50105—2010 [S]. 北京：中国建筑工业出版社，2011.

[8] 行业标准. 高层建筑混凝土结构技术规程 JGJ 3—2010 [S]. 北京：中国建筑工业出版社，2010.

[9] 张军. 11G101 及 12G901 图集综合应用丛书——平法钢筋翻样 [M]. 江苏：江苏科学技术出版社，2015.

[10] 张军. 钢筋翻样与加工实例教程 [M]. 江苏：江苏科学技术出版社，2013.

[11] 李守巨. 例解钢筋翻样方法 [M]. 北京：知识产权出版社，2016.

[12] 黄梅. 平法识图与钢筋翻样 [M]. 北京：中国建筑工业出版社，2012.